KB090935

내 아이의 자존감을 높이는

육아의 기술

내 아이의 자존감을 높이는
육아의 기술

배경서 지음

글라이더

머리말

아이들만큼 속을 알 수 없고 양육자에 따라 아이의 인생이 크게 좌지우지되는 경우도 없을 것이다. 부모의 감정이 좋든 나쁘든 아이에게 주는 영향은 고스란히 전해지게 된다. 그렇기 때문에 어쩌면 모든 일생을 결정짓는 순간은 어린 시절이라고 할 수 있다.

그러나 모든 아이가 예쁘고 사랑스럽지만 부모가 된다는 것은 그에 따른 책임감이 필요하다. 무작정 부모가 된다고 해서 아이를 올바른 인성으로 키운다는 것은 쉽지 않은 일이다. 많은 부모가 내 아이의 행복한 미래를 꿈꾸고 있지만 어떻게 키워야 하는지 방법을 모르는 경우도 많다.

나는 유아교육 현장에서 다양한 부모와 아이들을 만나고 관찰할 수 있었다. 관찰을 통해 깨닫게 된 것은 아이들의 성격은 자라온 환경과 부모의 영향이 크다는 것이다. 그리고 아이를 키우는 부모들 또한 내 아이를 어떻게 하면 더 잘 키울 수 있을지에 대해 고민을 한다. 아이들을 가르치는 교사들도 아이들의 행동을 교정하고 바른 인성을 가진 아이로 키우기 위해 항상 노력한다. 이렇게 부모나 교사가 노력하는 이유는 아이들이 더 행복하고 자존감 높은 아이로 자랄 수 있게 하기 위해서다.

인생을 살아가는 데 있어 자존감이 중요한 이유는 자신이 원하는 것을 도전하며 행복한 삶을 살 수 있기 때문이다. 행복한 어른이 되고 긍정적인 삶을 살아가기 위해서는 유아기에 자존감을 탄탄하게 다지는 것이 가장 중요하다. 자존감 높은 아이가 큰 꿈을 가지고 행복한 아이로 자라는 방법은 부모의 환경에서 이루어진다. 부모는 그 환경을 만들고 제공하기 위한 공부가 필요한 것이다.

어릴 적 행복한 가정에서 자라고 부모의 응원과 지지를 많이 받은 아이는 높은 자존감을 가지고 살아갈 수 있다. 나는 부모님에게서 항상 응원과 지지를 받으며 자랐다. 내가 원하는 일을 도전하며 살 수 있도록 어떤 일이든 믿고 응원해주는 주신 것이다. 덕분에 힘든 일이라고 생각할 수 있는 일들도 긍정적인 마음으로 이겨낸 적이 많았다. 그 때문에 나는 어린이집에 근무하는 동안에도 아이들의 자존감을 높이기 위해 자주 응원하고 격려하기 위해 노력했다. 하지만 많은 부모가 이러한 사실을 모르고 있기도 하다. 아이들에게 더 좋은 것, 많은 요구를 들어줄수록 행복한 아이가 될 것이라고 여기는 것이다. 그러나 아이들에게 더 많은 것을 해주는 것보다 중요한 것은 작은 것에서 소중함을 느끼게 하는 것이다. 그리고 그 마음은 아이들에게 사랑하는 마음을 표현하고 격려하는 것으로 가능하다.

이 책에는 어린이집에서 근무했던 경험을 살려 아이들의 자존감을 키우고 문제 행동을 바로 잡을 수 있는 다양한 해결책들을 제시해 놓았다. 나는 많고 다양한 아이들의 환경과 변화에 민감하게 대처하는 교사로서 아이들을 객관적인 입장에서 바라보는 것이 가능했다. 또한, 이 책을 쓰기 위해 유아교육과 심리, 보육과 사회복지 등 다양한 분야에서 7년간 공부했으며 관련 도서를 통해 다양한 육아법을 알게 되었다. 실제로 근무하는 동안에도 많은 아이가 긍정적으로 변화된 모습을 볼 수 있었기 때문에 이 책을 끝까지 읽은 많은 부모에게 도움을 줄 수 있다고 확신한다.

아이가 행복하기 위해서는 먼저 부모가 행복해져야 한다. 행복하게 키우고 싶지만 어떻게 키워야 하는지 방법을 알고 싶다면 본문을 통해 답을 구하길 바란다. 본문에 나오는 사례의 아이들은 이름만 지어냈을 뿐 현장에서 직접 관찰하고 경험한 실제 사례들로 구성되어 있다. 이 책을 통해 내 아이를 좀 더 똑똑하게 키우고 현명하게 대처하는 부모가 될 수 있을 것이다. 마지막으로 이 책을 읽는 많은 부모와 아이 모두 성장하고 높은 자존감을 가지고 행복한 삶을 살길 응원한다.

2018년 봄

배경서

차례

Chapter 03
아이의 자존감을 높이는 불량육아 8

Chapter 04
엄마의 칭찬은 아이의 자존감을 키운다

Chapter 01

어떻게 키워야 잘 키우는 것일까?

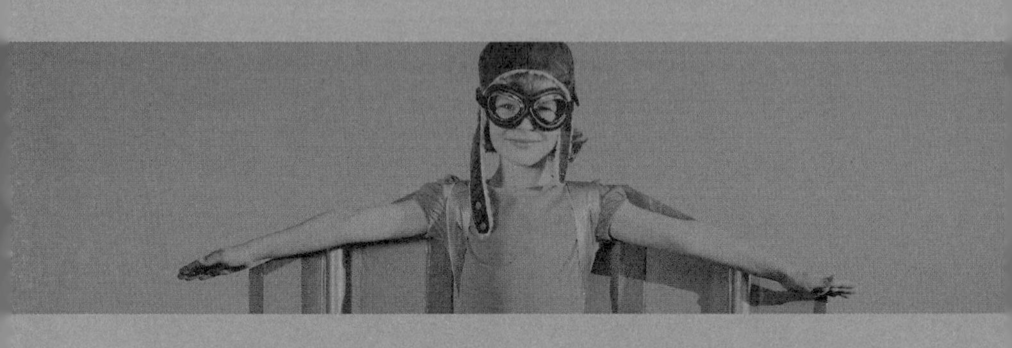

모든 아이가 자존감 높은 아이로 자라지는 않는다!

어떻게 키워야 할지 모르는 부모를 위한 전문가의 육아 핵심 전략!

01
어떻게 키워야 잘 키우는 걸까?

어느 4인 가족이 식당에 들어왔는데 그중 초등학생 쯤의 남자아이가 큰 목소리로 종업원에게 물었다.

"저기요, 여기 와이파이 돼요?", "비밀번호는 뭐예요?"

평범하게 지나갈 수 있는 일이었지만 기억에 남았던 이유는 아이의 목소리가 엄청나게 크고 자신감이 넘쳤기 때문이다. 그리고 자신이 원하는 것을 얻을 수 있을 때까지 계속 질문하고 스스로 해결한다는 점이었다.

처음 본 아이였지만 확실한 것은 자신에게 필요한 것을 부모의 도움 없이 스스로 해결할 수 있는 능력이 있고 자신도 그것을 알고 있었다. 이후에 아이는 밥을 먹으면서도 가위질을 할 수 있다고 말을 하거나 새로운 것에 도전하고 싶은 마음을 표현했다.

아이를 제대로 잘 키우고 싶은 부모의 마음은 하나같지만 어떻게 키워야 제대로 키우는 것인지 늘 고민이고 어려움의 연속이다.

만약 내 아이가 다른 아이에 비해 뒤떨어지는 것은 받아들이기 힘들다. 특히 부모의 기대에 미치지 않는다면 큰 실망감을 느낀다. 다른 아이에 비해 뭐든 잘하는 아이로 키우고 싶고 더 많이 채워주기 위해 아이를 억압하기도 한다.

그러나 아이를 위한다는 마음으로 억압하고 강요하는 것은 아이를 잘 키우는 일이 아니다. 억압받으며 자란 아이들은 자신의 주장을 펼치지 못하는 어른으로 자라게 되고, 성인이 되어서도 자신의 주장을 펼치는데 두려움을 느낀다. 낮은 자존감을 가지고 살아가며 새로운 일을 당당하게 도전하지 못하게 된다.

6살 시우는 외동이다. 시우 엄마는 하나밖에 없는 시우를 더 잘 키우고 싶은 욕심으로 다른 아이 보다 뒤처지지 않도록 더 많은 신경을 쓴다. 그러나 제3자의 입장에서 보면 시우 엄마의 육아는 시우를 위한 육아가 아니었다. 시우를 사랑하는 마음은 느껴지지만, 아이를 억압하고 있기 때문에 오히려 아이의 자존감을 낮춘 것이다.

시우 엄마는 시우와 덧셈 공부를 하면서 특이한 보상을 한다. 시우가 문제 한쪽을 다 풀면 막대 사탕 한 입을 빨아 먹을 수 있는 보상을 주는 것이다. 시우가 아직은 어리기 때문에 그것을 받아들이고 사탕 한 번을 빨아 먹기 위해 말을 잘 듣고 열심히 한다고 생각하지만, 자라면서 계속 그러한 보상이 이뤄진다면 시우에게 더 큰 상처가 되는 일이다.

시우 엄마는 시우가 문제 한쪽을 풀면 사탕 한 번을 빨아 먹을 수 있는 기계적인 행동을 요구하고 있다. 시우 엄마는 평소 시우에게 애정을 많이 주고 사랑을 표현하지만 시우의 행동에는 지나치게 많은 제약을 하는 과보호를 하는 것이다. 엄마에게 사랑을 많이 받고 있지만, 독립적인 행동을 자주 경험하지 못하는 시우는 새로운 환경에 적응하는 것이 힘들 것이다. 부모에게 자랄수록 의존하고 의지하는 성향이 강해지고 사교성이나 창의성이 낮아지게 된다.

엄마들은 아이를 잘 키우기 위해 노력한다. 그 과정에서 아이들의 착한 행동에 스티커나 보상을 주고 동기부여나 자극을 주기도 한다. 아이들은 보상받는 것을 통해 칭찬받을 만한 행동을 더 열심히 하게 된다. 하지만 이러한 보상 제도를 사용할 때는 항상 주의해야 한다. 아이가 지나치게 보상에 의지한 수동적인 아이가 되지 않도록 보상을 남용해서는 안 된다는 것이다.

보상을 줄 때 주의점은 떼를 쓰는 아이를 달래기 위해 주는 보상은 오히려 떼쓰는 버릇을 키우게 된다. 보상을 줄 때는 잘한 일을 중심으로 주는 것이 좋다. 물질적인 보상보다는 아이가 원하는 놀이를 같이해준다거나, 아이와 같이 공원에 나가서 놀아주기 등의 보상을 줘야한다. 또한 보상을 줄 때는 보상과 함께 아이에게 어떤 행동으로 인해 보상이 주어지는 것인지 정확하게 짚어주고 칭찬해야 아이의 기억에 더 오래 남는다. 자신의 올바른 행동으로 칭찬 받은 아이는 스스로를 자랑스럽게 여기고 자존감이 높아진다.

저자 수전 엥겔의《아이의 신호등》에서는 보상도 현명하게 주어져야 한다고 말한다. 모든 보상이 같은 효과를 내지 않는다는 것이다. 예를 들어, 같은 방에 있는 세 부류의 아이들이 똑같이 남을 도와주는 행동을 했을 때 3분의 1에게는 칭찬을, 다른 3분의 1의 아이들에게는 칭찬과 장난감을, 나머지 3분의 1의 아이들에게는 어떠한 칭찬과 보상도 하지 않았다. 그런데 이어진 상황에서 다시 남을 도와줘야 하는 상황이 왔을 때 기꺼이 도움을 주는 아이들은 누구였을까? 대부분 장난감과 칭찬을 받은 아이들이라고 예상하지만 그렇지 않았다. 칭찬을 들은 아이들이 장난감 보상을 받은 아이들보다 훨씬 지속적으로 어른을 도와주었다. 더욱 놀라운 것은 보상과 칭찬을 받지 못한 아이들은 보상을 받은 아이들보다 거의 두 배나 지속적으로 도움을 주었다는 것이다. 즉 보상은 오히려 내적 동기를 훼손시킬 수 있다고 말한다.

자유를 얻지 못하고 행동에 제약을 많이 받는 아이는 자랄수록 자존감이 낮아진다. 잠재의식 속에 스트레스가 많고 간섭하는 엄마에게 답답함과 적대감정을 품게 될 수 있다. 능동적이고 독립적인 아이로 자라기 위해서는 아이의 생각과 행동을 이해하고 존중하며 스스로 일을 해결할 수 있는 능력을 길러 줘야 한다. 새로운 것에 도전하는 아이들에게 칭찬을 통해 격려하고 자신감을 심어주는 것으로 아이들의 자존감이 높아진다.

아이를 잘 키우기 위해서 아이의 마음을 잘 이해하고 공감하는 것만큼 중요한 것은 없다. 아이와 엄마 자신을 위해서 잘 하고 싶은 마음이 크지만 쉽지 않다. 항상 아이들을 사랑하고 있지만 제대로 표현하고 있는지도 걱정이다.

엄마의 행복과 아이의 미래를 위해 엄마는 매일 아이와 함께 성장하고 내일 더 강해지겠다고 다짐해야 한다. 아이의 미래를 밝히는 방법을 찾고 고민하는 엄마가 돼야 한다. 아이에게 필요한 것이 무엇인지 찾고 해결해주는 노력이 있어야 한다. 아이를 믿고 사랑하는 마음으로 자연스러운 환경에서 자라도록 지켜주는 것이 중요하다.

아이들의 긍정적인 행동을 강화하기 위해 칭찬만큼 좋은 방법은 없다. 아이를 사랑하는 마음을 담아 칭찬하면 어떤 아이라도 긍정적인 마음을 가진 바른 아이로 자란다. 올바른 칭찬법을 통해 아이들의 자존감을 높이고 자신의 미래를 꿈꾸는 긍정적인 아이로 자라게 만들 수 있다.

함께 살아가는 세상의 구성원으로 키우기 위해서 아름다운 것을 보고 아름답다고 생각하는 아이, 바른 인성을 가진 아이, 약한 사람을 지켜줄 수 있는 아이, 사랑하는 마음을 가진 자존감 높은 아이로 키우는게 육아를 담당하는 부모의 몫이 아닐까?

아이들이 내적 동기를 유발하는 칭찬과 보상 TIP

★장난감이나 초코렛 등 물질적인 보상 보다는 아이가 원하는 놀이로 보상하기

★제한된 범위에서 아이가 보상을 스스로 선택할 수 있는 기회 제공하기

02
대체 엄마 노릇이란 무엇일까?

좋은 엄마가 되려면 어떻게 키워야 잘 키우는 걸까? 요즘 일하는 엄마들이 많다. 그러나 직장과 육아, 두 가지 일을 동시에 하느라 어느 것에도 집중하지 못하기도 한다. 특히 직장에 다니는 엄마들은 아이가 아프고 칭얼대면 직장 때문에 아이에게 신경써주지 못해서 그런 것 같아 미안한 마음을 가진다. 아이를 위해 직장을 그만둬야 하는지도 고민이다. 과연 아이를 위한 엄마 노릇에 어떤게 정답일까?

어린이집에서 일할 때 아이들의 생일날이 다가오면 엄마에게 아이를 위한 생일편지를 써오도록 제안했었다. 생일편지를 적어서 보내주면 나는 아이들과 모여 앉아 편지를 읽어보는 시간을 가졌다. 엄마의 편지를 처음 받아 본 아이들은 어리둥절하거나 들뜬 모습을 보인다.

편지 내용은 대부분 아이와 함께 한 시간동안 기쁜 일과 슬픈 일을 보내면서 행복했다는 마음을 전한다. 그리고 엄마로서 해주고 싶은 것도 많지만 그러지 못해 미안하다고 말하고, 엄마의 마음을 잘 이해해줘서 고맙다는 말과 사랑한다는 말을 전한다.

편지는 그동안 아이에게 말하지 못했던 것을 전할 수 있는 '마음의 터널'이 되어주기도 한다. 편지를 통해 그동안 말로 전해주지 못했던 마음을 전달하는 것이다. 아이와 매일 함께 하는 시간을 가지지만 편지로 마음을 전하는 것은 아이에게 다른 긍정적인 영향을 주는 것이 가능하다.

편지를 받은 아이들의 반응은 다양하게 나타난다. 평소에 담담하던 아이도 편지를 받으면 엄마생각에 눈물을 보이기도 한다. 하지만 확실한 것은 아이들의 표정에서 행복한 마음이 나타난다는 것이다. 아직 어린 아이들이지만 자신을 위해 편지를 써준 엄마를 떠올리며 감사한 마음을 느낄수 있다. 편지는 엄마의 사랑을 더 깊이 느낄 수 있는 계기가 되기 때문에 아이들의 자존감이 높아진다.

편지를 받은 아이들은 엄마를 향한 감사하고 사랑하는 마음을 오래도록 유지한다. 그 이유는 자유놀이시간이면 종이에 엄마를 위한 편지를 쓰고 싶은 아이들이 실제로 편지 답장을 쓰기도 하기 때문이다. 또는 행복하고 좋았던 일을 이야기 나누는 시간이면 엄마가 적어준 편지를 기억하고 자랑스럽게 이야기를 하기도 한다.

말로 표현하고 마음을 전하는 것이 어렵다면 아이를 위한 편지를 써보자. 편지를 쓰며 아이와 함께 한 시간을 떠올리는 것은 엄마에게도 성찰의 시간이 될 것이다. 아이를 키우기 위한 답은 엄마에게 있다. 원하는 것을 더 많이 들어주고 사주는 것에 집중하는 것이 아닌 아이의 마음을 이해하고 헤아리는 것에 집중해야한다. 직장에 다니느라 아이와 함께 하는 시간이 적어 미안한 마음을 가질 것이 아니라, 많은 시간을 보내지 못하지만 여전히 아이를 사랑하고 있는 마음을 표현해야한다. 아이와 많은 시간을 함께하지 못해도 엄마가 항상 아이를 사랑하는 믿음과 마음을 전하는 것으로 자존감을 높이는 것이 가능하다.

아이를 행복하게 잘 키우고 싶지만 쉽지 않고 아이가 도대체 무슨 생각을 하고 있는지 알수 없을 때면 답답하거나 힘들다는 생각이 들 것이다. 또한 다양한 육아서를 찾아보고 육아법을 배워도 우리아이에게 어떻게 적용하는 것인지, 육아에 정답이 있는 건지 알고 싶어한다.

대부분의 엄마들처럼 희진이 엄마도 희진이를 행복하게 키우고 싶은 엄마들 중 하나다. 그러나 희진이 엄마가 하고 있는 육아가 진짜 희진이를 행복하게 하고 있는지는 의문이 들게 했다.

희진의 엄마는 항상 희진이를 과하게 관찰한다. 어린이집에서 어떤 일이 있었는지, 무슨 공부를 했는지, 누구와 놀았는지, 어떤 음식을 먹었는지 등 궁금한 점들을 알아내기 위해 부단한 노력을 한다.

하지만 정도가 지나치면 문제가 되기 마련, 희진이의 생각과 의견을 존중하기 보다는 자신이 원하는 방향으로 키우는데 집중한다. 희진이 엄마는 딸을 사랑하고 행복하게 해주기 위함이라고 하지만, 정작 희진이는 자유가 없는 답답함에 불안한 증상을 보이기도 한다.

희진이 뿐만 아니라 지나친 관심과 간섭을 받으며 자란 아이는 독립심을 키울 기회를 놓치게 된다. 아이를 향한 지나친 간섭은 스스로 사회성을 기르고 다른 사람의 마음을 이해하는 능력을 키우기 힘들게 만든다. 다른 사람의 마음을 이해하는 것 역시 아이가 다른 사람과의 상호작용을 통해 이루어질 수 있다. 하지만 지나친 관심을 받는 동안 그런 기회를 얻지 못하면 경험에서 가지는 성취감을 겪지 못하고 삶의 활력을 느끼지 못하게 된다.

엄마의 욕심에서 비롯된 아이에 대한 지나친 간섭은 좋지 않다. 아이의 판단이 옳지 못한 경우에는 다른 방법을 제시해주고 다음에 바른 판단을 할 수 있도록 가르쳐 주는 것이 부모의 역할이다.

친구와 싸운 아이가 있다면 화해할 수 있는 시간과 기회를 제공하고 스스로 방법을 찾고 해결 할 수 있는 경험을 시켜줘야 한다. 아이 스스로 깨닫기 힘들어한다면 친구에게 먼저 화해하는 방법을 가르치는 것이 중요하다. 지침에 따라 행동한 아이를 자랑스러워하고 용기 있게 행동한 것에 대한 칭찬을 통해 올바른 행동을 스스로 판단할 수 있게 하는 것이다.

현명한 아이로 키우기 위해서는 아이가 규칙의 큰 틀을 벗어나지 않게 주의하는 정도로 충분하다. 스스로 판단하고 일의 성취감을 쌓으며 자라는 아이가 자신을 믿는 힘이 자라 자존감이 높아진다.

지나친 관심을 받는 아이들보다 적당한 안전이 보장된 선에서 자유를 느끼는 아이들의 자존감이 더 높다. 준우엄마는 준우의 자유를 존중해주며 행동 하나하나를 알고 판단하기 위해 캐묻기 보다는 준우가 말하고 싶은 것을 듣기 위해 노력한다. 그래서 준우도 엄마에게 자유롭게 자신이 하고 싶은 말을 한다.

하지만 준우가 잘못된 행동을 하면 나쁜 행동에 대한 판단보다 "무슨 이유로 그렇게 행동했니?"라고 아이의 마음을 헤아린다. 그리고 "그렇게 행동해서 어떤 기분이니?"라며 아이 스스로 잘못을 이해하고 반성하도록 지도한다. 준우엄마도 아이를 위한 무조건적인 관심이 중요하지 않다는 것을 알고 있다. 아이를 먼저 믿고 기다릴 때 아이도 엄마의 마음을 이해하고 믿을 수 있다.

저자 고봉만 · 황성원의 《루소, 교육을 말하다》에서 루소는 모든 교육 중에서 가장 훌륭하고, 가장 중요하며, 가장 유용한 규칙이 "시간을 절약하라는 것이 아니라 시간을 소비하는 것"이라고 말한다. 이것이 의미하는 것은 아이가 호기심을 키우고 시행착오와 체험을 통해 스스로 깨달음을 얻을 수 있도록 기다리라는 것이다. 루소는 아이를 자유롭게 하고 방임해두어야 한다고 말하며 방임해둔 시간을 쓸모없는 시간이라고 생각해서 안 된다고 말했다.

루소의 말처럼 아이에게 있어 엄마의 품은 마당과 같다고 할 수 있다. 아이가 좁은 마당에서 놀기를 원하는 엄마는 아이가 마당에서 다칠까 걱정하기 때문이다. 엄마의 시야에서 벗어나지 않는 좁은 마당에서 아이가 다치지 않도록, 나쁜 길로 빠지지 않도록 감시한다. 그러나 간섭과 감시당하는 아이보다 넓은 마당에서 자유롭게 뛰어노는 아이는 더 힘차게 뛸 수 있고 더 많은 도전의 기회를 가질 수 있다. 다양한 체험과 경험을 통해 자존감이 높아진다.

아이들이 자라서 어른이 되면 사회에 나가게 된다. 이 때 도전을 많이 한 아이는 사회에서 현명한 판단이 가능하다.

대체 엄마노릇이 어떤 것인지 모르겠다면 아이에게 많은 사랑을 전해주는 것이 정답이다. 아이에게 사랑을 자주 표현하면 아이도 엄마의 마음을 알 수 있을 것이다. 많이 사랑하고 자존감 높은 아이로 키우는 것이 중요하다.

두려움 많은 아이를 위한 독립심을 키우는 TIP

★위협적인 말 하지 않기 (말 안 들으면 두고 간다, 귀신이 잡아 간다 등)

★아이와 떨어져야 하는 경우 아이에게 사실대로 말하기 ("엄마 금방 다녀올게"라고 말하고 몇 시간이 지나도 안 오면 아이는 두려움과 불신을 갖게 된다.)

★아이의 행동에 지나치게 개입하지 않기, 아이의 행동을 응원하고 격려하기

★하루에 엄마 없이 5분, 10분씩 늘려가는 도전하기 (5분, 10분 이후에 엄마가 돌아온다는 믿음과 도전 성공 후에는 칭찬 등의 보상하기)

★아이가 믿고 따르는 사람이 자신이 두려워하는 것을 경험하는 것을 보는 것으로 자신감을 가지게 하기 (부모의 도전 보여주기)

★두려움의 대상에 대한 생각 긍정적으로 바꿔주기

★불안에 대한 아이마음을 이해하고 대화나누기

03
나도 좋은 엄마가 되고 싶다

"뭐가 아이를 위한 일인지 잘 모르겠어요"

학부모 상담 시간에 준서엄마는 준서에 대한 얘기 중에 결국 울음을 터뜨렸다. 준서엄마가 울게 된 이유는 어떻게 키우는 것이 준서를 위한 일인지 답을 알 수 없기 때문이었다. 준서가 4살, 5살 때는 운동하는 것을 좋아하고 활동적인 아이였다. 그러나 준서는 친구가 장난치면 친구를 발로 차거나 가지고 놀던 장난감을 던지는 등의 폭력적인 행동을 한다. 때문에 준서 엄마는 준석의 폭력성을 고쳐주기 위해 노력했다. "친구를 때리면 안 된다", "발로 차면 안 된다", "친구와 사이좋게 놀아야 한다"라는 말로 준서의 폭력성을 잠재우기 위한 교육을 한다.

엄마의 노력 덕분인지 준서가 6살이 되었을 때는 눈에 띄게 폭력성이 줄어들었다. 이제 준서는 친구가 자신을 놀려도 참고 선생님에게 친구의 행동을 일러준다. 하지만 친구의 놀림을 참는 과정에서 준서는 주먹을 꽉 쥐고 부들부들 떨거나 눈물을 흘리기도 한다. 또한 화를 참다가도 한 번씩 친구에게 발길질을 하거나 때리는 경우가 있어 친구들이 준서를 이르는 경우도 종종 생긴다. 준서에게 친구를 때린 이유를 물어보면 "친구들이 놀려서 화가 났어요. 그래서 저도 모르게 친구를 발로 찼어요"라고 말한다.

준서엄마도 이런 준서의 행동을 알고 있었다. 하지만 준서에게 친구를 때리면 안 된다고 교육해도 쉽게 고쳐지지 않아서 걱정이다. 또한 준서가 친구들의 놀림을 참는 과정에서 크게 상처받고 스트레스를 받는 것 같아 엄마로서 더욱 미안해진다. 엄마로서 준서에게 참으라고 말할 수밖에 없어서 마음이 아픈 것이다.

그런데 준서는 폭력적인 행동을 보이는 반면 성격은 여리고 소심했다. 때문에 친구와 잘 놀다가도 싸우는 경우 항상 먼저 당하고 상처받는 입장이었다. 작은 일에도 쉽게 화를 내거나 눈물을 보이는 이유도 쉽게 상처받기 때문이었다. 하지만 폭력적인 행동을 두고 볼 수 없기 때문에 친구의 장난에 참고 때리지 못하도록 교육한다. 그러나 준서엄마는 준서가 무조건 참아야 한다고 가르치는 것이 준서에게 더 큰 상처를 주는 것 같아 매번 더욱 미안함을 가진다.

아이의 폭력성은 반드시 고쳐야하는 것이다. 좋은 엄마가 되어주기 위해서는 아이의 인성과 성격에 관심을 가지고 바로잡기 위해 신경써야한다. 아이에 대한 미안함으로 인해 육아에 겁을 내서는 안 된다. 미안함에서 오는 불안과 두려움으로 바른 인성을 만드는 시기를 놓치지 않는 것이 중요하다.

준서는 공격적인 행동이 무엇인지에 대해 인지하고 있기 때문에 공격적인 행동을 주의하는 것이 가능했다. 준서가 발로 차고 때리는 행동을 보일 때에는 그것이 장난이더라도 하면 안 되는 행동으로 받아들여지도록 지도했다. 준서도 엄마와 선생님의 일관된 교육으로 스스로 폭력적인 행동을 하지 않기 위해 노력하는 모습을 보였다.

또한 아이들이 공격성을 보일 때에는 당하는 사람의 입장을 생각해보도록 지도하는 것이 좋다. 아이들마다 폭력적인 행동의 이유를 듣고 그것에 대한 이해와 공감을 하되, 폭력적인 행동이 아닌 다른 방법으로 문제를 해결 할 수 있는 방법을 제시해 줘야한다. 자신의 폭력적인 행동을 고치기 위해 노력하는 아이에게는 칭찬을 하는 것 또한 잊지 않아야 한다.

아이의 폭력성을 고치기 위해 엄마는 일관된 태도를 유지하는 것이 중요하다. 훈육하기 전에 아이에게 훈육에 대한 미안함을 가지는 것은 불안을 만들고 불안한 마음은 그대로 아이에게 전해진다. 폭력적인 행동을 하는 아이의 요구를 들어줄수록 아이들의 행동은 심해지기 때문에 일관된 태도로 요구를 들어주지 않는 것이 중요하다.

때리고, 뺏고, 작은 일에도 화내고 때리고 공격하는 아이들을 어떻게 케어할 수 있을까? 공격성을 가진 아이들의 원인은 크게 두 가지로 나눈다. 원래 폭력적인 기질을 가졌거나, 주변 환경을 보고 폭력성을 배웠기 때문이다.

승윤이는 다른 아이들에 비해 산만하고 장난이 심한 아이였다. 장난을 칠 때도 때리거나 밀치는 장난을 하는 경우가 있어 친구들도 함께 노는 것을 피할 정도였다. 어떤 때에는 나쁜말을 하거나 욕을 하는 경우도 있어 자주 주의를 받는 아이었다. 승윤이가 이렇게 과격한 말과 행동을 하는 원인은 나중에 엄마를 보고 알게 되었다. 승윤이와 밖에서 차량을 기다리는 동안 승윤이가 장난을 치자 엄마가 승윤이에게 험한 말을 하거나 때리는 행동을 하는 것이다. 또한 승윤이와 평소 대화를 나누다 보면 종종 집에서 엄마와 아빠가 싸우는 것을 보고 아빠가 물건을 부셨다는 내용의 이야기를 할 때도 있었다. 승윤이가 폭력적인 아이로 자라게 된 이유는 자라면서 가정에서 폭력적인 모습에 자주 노출되었기 때문이다.

승윤이 엄마는 승윤이가 폭력적인 행동을 하지 않기를 바라지만 정작 엄마는 승윤이에게 폭력적인 행동을 자주 가하는 경우였다. 승윤이는 평소에 대화하는 것을 좋아하지만 정작 엄마에게 말을 걸어도 엄마가 받아주지 않기 때문에 격한 행동을 하며 자신을 봐달라는 신호를 보내는 것이다. 친구들과 놀 때도 자신의 뜻대로 되지 않기 때문에 친구들의 장난감을 뺏고 망가트리며 욕구를 표현하는 것이다.

승윤이에게 필요한 것은 관심과 사랑이다. 친구와 놀때는 어떻게 하면 친구의 마음을 얻을 수 있는지 방법을 알려주고, 평소에는 대화를 많이 해야한다. 나는 승윤이와 평소에 대화를 자주 나누고 친구들 앞에서 발표할 수 있는 기회를 의도적으로 많이 제공해주었다. 친구들과 트러블이 있을 경우 해결책을 제시해주고 친구들과 사이좋게 놀 수 있는 방법을 알려주었다. 시간이 지나면서 승윤이는 스스로 해결할 수 있는 문제는 해결하기위해 노력했고 안 되는 일에 폭력적인 행동보다는 다른 사람에게 도움을 요청했다. 어떤 문제에 대해 어려운 점이 있을때 승윤이가 그것을 난폭하게 해결하지 않기 위해 노력하는 모습을 보면 아낌없이 칭찬했다. 질문 할 때면 "그래, 모르는 게 있으면 이렇게 물어보면서 해결하는거야"라는 말로 승윤이의 옳은 행동을 격려했다.

하지만 승윤이의 기본적인 폭력성은 가정에서 나타난 행동이기 때문에 가정에서 부모의 역할이 중요했다. 때문에 나는 승윤이 엄마에게 가정에서 폭력적인 행동을 하지 않는 노력이 필요하다고 전했다. 《훈육의 심리학》의 저자 토니 험프리스는 통제력결핍과 과잉에 대해 부모의 훈육에 대해 문제가 있다고 말했다. 부모들은 아이들이 가족 내의 중요한 어른들에게서 잘못된 행동을 배운다는 사실을 명심해야한다. 잘못된 훈육이라는 면에서 부모가 '준'것은 '되돌려 받을'가능성이 아주 높다는 것이다.

아이의 행동을 고치기 위해 엄마 자신의 잘못된 행동을 고치기 위한 노력이 필요하다. 아이가 아무리 어린이집과 교실에서 행동이 변할 수 있다고 해도 가정에서 보고 느끼는 것이 달라지지 않는다면 아이의 행동이 영구적으로 변하는 것은 불가능하다. 엄마의 행동이 변화할 때 아이 또한 변화하는 것이 가능하다.

아이의 폭력성을 잡기 위해서는 아이의 마음을 정확히 알아내는 것이 중요하다. 공격적인 행동을 보일 땐 행동을 멈추게 하고 이유를 묻는 것이다. 이유를 들은 엄마는 아이가 공격적인 행동을 한 것을 이해하고 있다는 것을 표현하는 것이 좋다. 그 후에는 아이의 잘못된 행동에 대해 대화로 해결하는 방법을 알려줘야 한다. 폭력은 더 나쁜 결과를 가져온다는 것을 알려주고 대화를 통해 해결하는 방법을 가르쳐야 한다. 아이들은 원하는 것을 폭력을 통해 얻는 경우 그 경험에 의해 폭력성이 더 강해지기 때문에 아이의 폭력성은 초기에 잡아야 한다.

아이들에게 공격성과 폭력성이 생기는 가장 큰 원인은 부모에게 있다. 부모가 아이 앞에서 폭력적인 행동을 아무렇지 않게 보여주는 경우에나 TV에서 다른 어른들이 공격적 행동을 하는 것을 보는 것으로 아이들의 폭력성이 자라기도 한다. 때문에 아이 앞에서는 항상 공격적인 모습을 보이지 않는 것에 주의해야 한다.

좋은 엄마가 되어주기 위해서는 자신의 명확한 기준과 철학으로 내 아이를 사랑하는 법을 스스로 깨닫는 것이 중요하다. 내 아이를 잘 키우고자 한다면 자신만의 철학과 기준을 명확하게 설정하자. 반드시 좋은 엄마가 되어주겠다는 부담감을 내려놓고 내 아이를 위한 구체적인 사랑을 전하는 방법을 찾아야 한다.

엄마와 아이 사이에 문제가 있다면 해결책은 엄마에게 있다. 자신의 마음을 객관적으로 바라보고 다스리는 것이 중요하다. 아이의 감정을 이해하기 위해서는 엄마 자신의 감정을 이해하는 것에서 시작되어야 한다.

아이에게 좋은 엄마가 되어 주기 위한 고민은 끝이 없지만 중요한 것은 엄마 자신의 몸과 마음을 튼튼하게 하는 것이다. 몸과 마음이 튼튼하고 건강한 엄마는 자존감이 높다. 자존감 높은 엄마 밑에서 자라는 아이는 엄마에게 높은 자존감을 보고 배울 수 있다. 몸과 마음이 건강한 엄마 밑에서 자란 아이가 행복하다.

훈육 TIP

★아이의 잘못된 행동은 정정할 수 있는 지침을 단호하고 간결하게 말해주기

04
화내는 엄마가 눈치 보는 아이를 만든다

화내지 않는 육아가 가능할까? 교사로 근무할 때 많게는 27명, 적게는 15명의 아이들과 함께 매일 매일을 함께 보냈다. 많은 아이들과 있으면서 하루라도 아이들에게 화내지 않고 넘어가는 것은 힘든 일이었다. 아이들마다 성격이 다르고 기질이 다양했기 때문에 특정한 아이에게 맞춰주는 것은 거의 불가능했다. 매번 화를 내며 교육할 수는 없었기에 말 안 듣는 아이에게 나를 맞추기 보다는 말 잘 듣는 아이에게 나를 맞추고자 노력했다. 말 잘 듣는 아이에게 나를 맞춘다면 긍정의 말을 자주 하는 것이 가능하다. 잘하는 아이의 행동을 보고 칭찬하는 것으로 다른 아이들에게도 좋은 영향을 줄 수 있다.

교사로서 아이들에게 항상 긍정적인 영향을 주기 위해 평소에 자주 안아주고 사랑한다는 마음을 표현했다. 말 안 듣는 아이에게도, 말 잘 듣는 아이에게도 똑같이 안아주고 사랑한다는 마음을 표현하는 것으로 아이들이 혼이 나더라도 다른 아이들과 똑같이 사랑받고 있다고 믿을 수 있도록 했다. 덕분에 아이들 모두 나를 잘 믿고 따라줬고 이후에도 '배경서 선생님'을 떠올렸을 때 아이들의 기억에 보고 싶은 선생님, 좋은 선생님으로 기억 될 수 있었다.

육아를 할 때 역시 이러한 긍정적인 영향을 주는 것이 가능하다. 아이의 잘못된 행동에 화를 내기보다는 아이의 긍정적인 행동을 찾아 자주 칭찬하고 자신감을 높여주는 것이다. 말썽피우는 행동보다 잘한 행동을 찾아 칭찬하는 것으로 아이의 자존감을 높여 줄 수 있다. 혼나는 아이들은 혼나지 않기 위해 말썽피우고 싶은 행동이 있으면 눈치 보면서 그 행동을 계속 하기 위해 애쓴다. 하지만 잘한 행동을 칭찬 받는 아이는 잘한 행동을 인정받고 칭찬 받기 위한 행동을 찾을 것이다. 눈치 보는 아이와 칭찬받는 아이의 차이점은 엄마가 어떻게 반응하느냐에 따라 차이가 생긴다.

만약 아이의 행동에 화를 냈다면 왜 화를 냈는지 이해시켜 주는 것이 중요하다. 예를 들어, 높은 곳에서 뛰어 내리려고 하는 아이가 있다면 그것을 주의하는 것은 당연한 일이다. 위험한 행동을 하려는 아이에게 왜 위험한 행동을 하면 안 되는지, 높은 곳에서 뛰어 내릴 경우 어떤 일이 일어나는지에 대한 설명이 필요하다. 엄마가 화를 내는 것은 아이를 걱정하기 때문이라는 것을 이해시켜야 한다.

엄마가 아이의 고집을 꺾기 위해 화를 내는 경우도 있다. 처음에는 고집에도 '그럴수도 있지'라고 생각하고 넘어가기도 하지만 정도가 심해지면 버릇을 고치기 위해 화를 내는 것이다. 하지만 아이의 고집을 바로 잡기 위해 아이의 생각에서 '되는 것과 안 되는 것'을 분명하게 알게 하는 것이 중요하다. 바람직하지 않는 행동을 하는 아이에게 화를 내기 보다는 안 되는 것을 가르치고 스스로 생각할 시간을 주는 것이 좋다.

고집 센 아이들은 상대에 따라 자신의 고집이 통하는지 통하지 않는지 확인하기도 한다. 일단 고집 있게 자신의 의견을 표현하고 그것을 상대가 받아주는지 아닌지를 판단하는 것이다. 5살 고집 센 아이를 만났을 때 나는 아이에게 가능한 행동과 그렇지 않은 행동을 구분지어 주는 노력을 했다. 그 아이는 5살이었지만 발달이 느렸기 때문에 3살, 4살 아이의 인지능력과 비슷한 아이었다. 자기중심적으로 생각하는 것이 강한 시기였기 때문에 같은 또래 친구들과 놀더라도 부족한 부분이 눈에 잘 띄는 아이었다. 예를 들어, 친구의 장난감을 뺏는 아이에게 장난감을 돌려주고 사과하도록 하거나 장난감을 가지고 논 후 정리하지 않는 아이에게 정리하도록 이야기하는 것이다. 하지만 고집이 강한 아이였기 때문에 한번 이야기한다고 해서 절대 행동하지 않았다.

나는 고집이 강한 아이일수록 그냥 넘어가지 않았다. 그 이유는 그냥 넘어가는 경우 아이가 어떤 행동이 옳은 행동인지, 해서는 안 되는 행동인지 이해하지 못하기 때문이다. 때문에 나는 아이가 장난감을 돌려주고 사과하는 과정이 이루어질 때까지 아이를 기다렸다. 장난감을 정리하는 과정이 이루어질 때까지 아이가 다른 활동을 하지 못하도록 제재를 주기도 했다. 그 과정에서 아이가 울거나 소리칠 수 있지만 항상 일관성 있는 자세로 기다리고 아이가 스스로 행동할 수 있도록 가르치는 것이 중요하다. 아이의 고집이 강하다고 해서 고집을 인정하고 숙이고 들어가는 순간 아이의 버릇을 바로 잡는 기회는 사라지는 것이다. 아이들은 언제고 고집을 꺾고 행동을 교정하는 순간이 온다. 그 순간을 잘 참고 기다리는 것이 중요하다.

고집 센 아이와 한 가지 행동을 고치기 위해 신경전을 벌인 후에는 다음 행동에서 아이의 달라진 모습을 볼 수 있었다. 말하지 않아도 장난감 정리를 하거나 다른 친구의 장난감을 뺏지 않는 모습 등 나와 신경전을 벌인 행동들을 다시 하지 않았다.

자신의 고집을 꺾고 바른 행동을 하는 아이에게 잊지 않아야 하는 것은 칭찬이다. 다음 행동에서 아이가 장난감을 가지고 논 후 스스로 정리하는 모습을 본다면 아이의 모습을 격하게 칭찬해야한다. 잘한 행동에 대해 칭찬 받은 아이는 다음에도 자신의 행동을 칭찬받기 위해 하지 말아야 하는 행동을 하지 않고 바른 행동에 대한 칭찬을 위해 더 열심히 하는 모습을 보일 것이다. 장난감 정리로 인해 고집을 피웠던 아이가 장난감 정리하는 모습을 보인다면 "와~ 장난감 정리 진짜 열심히 잘한다"라는 말로 아이의 행동을 칭찬하고 옳은 행동을 강화하는 것이 가능한 것이다.

부모가 아이의 고집을 꺾기 위한 과정은 힘들 수 있다. 고집을 꺾는 과정에서 아이가 나를 원망하고 미워하면 어쩌나 하는 걱정을 하는 것도 당연하다. 하지만 아이의 바른 행동을 위한 교육은 필수적인 것이다. 당장 고집을 꺾고 아이의 힘든 모습을 바라보는 것이 힘들 수 있다. 그러나 후에 아이가 사회성을 기르고 바르게 자라기 위해서는 이것 또한 당연한 과정이라고 생각해야한다. 아이들 또한 당장 실랑이를 벌이더라도 다음 행동에서는 멋진 모습을 보이기 위해 노력하는 모습을 보일 것이다. 아이들은 자신의 행동에게 지침을 주고 통제를 주는 사람을 절대 미워하지 않는다. 오히려 더 순종적으로 부모를 존경하게 되는 것이다. 아이가 말을 듣고 행동할 때는 칭찬하고 아이와의 관계를 돈독하게 하는 것이 중요하다.

특히 산만한 기질을 가진 아이를 키울 때 화내는 경우가 생기기 쉽다. 산만한 아이들의 특징은 한 곳에 가만히 있지 못하고 돌아다니며 앉아있어도 움직이고 싶어 엉덩이를 들썩들썩 거린다. 장난감을 가지고 놀 때는 한 가지에 집중하지 못하고 다 꺼내서 이것저것 닥치는 대로 가지고 놀다가 정리는 하지 않는다.

아이들에게는 자주 다그치거나 화내기를 반복하게 된다. 혼나고 지적받는 일이 익숙해진 아이는 혼나는 순간에는 시무룩하고 반성하는 듯 보인다. 하지만 얼마 지나지 않아 다시 웃으면서 사고를 치기도 한다. 혼나는 순간에만 눈치보고 돌아서면 다시 되풀이하는 것이다. 이러한 아이들을 보고 있으면 나 역시 혼을 내다가도 약이 오르고 진짜로 화가 나기도 한다. 아이들을 혼내는 것은 아이의 행동이 위험하거나 잘못 됐기 때문에 방지하기 위함인데 정작 아이들에게는 전혀 중요하지 않는 일로 받아들여진다. 혼이 나도 반복되는 행동에 어른들은 아이에게 상처가 되는 말까지 하게 된다. 상처가 되는 말을 듣는 아이들은 겉으로 괜찮아 보이더라도 내면의 자존감이 낮아지게 된다. 때문에 아이들을 대할 때에는 항상 말 한마디, 행동 하나에도 조심하고 주의하는 것이 필요하다.

이처럼 화내고 욱하는 순간에는 감정조절이 필요하다. 감정조절을 통해 아이의 마음을 이해하고 공감하기 위한 노력을 해야 한다. 나는 화가 나는 상황일수록 마음을 비우고, 아이의 입장에서 생각하기 위해 노력한다. 화가 난 상태에서 아이에게 주의를 주는 것은 아이를 더 불안하게 만들기 때문이다. 불안이 지속되면 아이는 주의를 주는 말에도 협박으로 받아들일 수 있다. 때문에 아이 행동의 원인을 이해하고 부드럽게 대화를 통해 풀어가는 노력을 하는 것이 중요하다.

《내 안의 자신감 길들이기》의 저자 바톤 골드스미스는 언성을 높이는 것은 어떤 인간관계에서든 해롭다고 말했다. 또한 큰 소리가 난무한 환경에서 자란 사람은 그렇지 않은 사람보다 불안한 마음을 가진다고 한다. 때문에 언성이 높아질 때마다 침착해지도록 잠시 시간을 가져야 한다고 말한다. 소리 지르는 파괴적인 습관을 멈추는 법을 배우면, 가정이나 혹은 어느 곳에서나 삶의 질이 향상되고 자신감이 높아 질 수 있다. 훈육을 하는 것은 언성을 높이고 소리 지르는 것이 답이 아니라는 것이다. 소리 지르는 행동은 오히려 아이의 마음에 불안함을 심어준다. 때문에 아이의 마음을 이해하고 대화를 통한 훈육을 해야 한다는 것이다.

놀이를 통해 집중력을 키워주는 것도 중요하다. 산만한 아이들은 한 가지 놀이에 집중하는 것을 힘들어한다. 특히 놀이를 할 때 방해를 받거나 집중력이 흐려지는 상황을 자주 경험한 아이들에게 흔하게 보이는 현상이다. 엄마는 혹시 자신이 아이가 집중해서 놀 때 방해를 하거나 집중력을 흐리는 잔소리를 하고 있지 않은지 생각해봐야한다. 아이가 놀이에 빠져 있을 때에는 온전히 집중하고 놀도록 두는 것이 좋다. 아이들은 놀이를 통해 대 · 소근육, 사회성, 신체감각, 감정표현, 오감각 등 놀이를 통해 무수하게 많은 것이 발달하기 때문에 아이들의 놀이를 방해하지 않아야한다.

어떤 아이들은 장난감을 이것저것 바꿔가며 놀이하기도 한다. 장난감이 너무 많기 때문에 일어나는 일이다. 이런 아이들에게는 장난감을 한두 가지만 주고 진득하게 가지고 노는 연습을 시켜주는 것이 필요하다. 놀잇감이 한정된 교실에서 아이들은 오히려 제한된 장난감을 가지고 매일 다른 방법으로 다양한 놀이를 한다. 예를 들어, 종이 한 장을 이용해서 종이접기를 할 수도 있고 그림을 그려서 노는 것도 가능하다. 또는 그림을 그려서 가위로 오린 후 종이 인형

놀이를 하는 것도 가능하다는 뜻이다. 매일 같은 환경에서 노는 아이들이라도 항상 다음 날에는 이것으로 어떻게 더 재밌게 놀이 할 수 있는지 상상력을 키워주는 것도 가능해진다. 부모는 아이를 위해 제한된 장난감에 몰입해서 재밌게 놀 수 있는 방법을 제시해주고 아이가 충분히 놀이한 후에는 정리하는 습관을 키워줘야한다.

아이들은 칭찬받고 인정받는 것을 좋아한다. 화내고 다그치기 보다는 아이의 마음을 공감하고 이해하며 칭찬으로 대하기 위한 노력이 필요하다. 화내는 것 이외의 다른 방법이 있다는 것을 항상 인지하자. 융통성을 가지고 현재 상황에서 해결책을 찾는 것이 중요하다. 화내지 않고 칭찬하는 습관이 아이의 자존감을 높이는 열쇠가 될 수 있다.

아이와 안정적 애착을 갖는 놀이 TIP

★아이가 관심 가지는 것에 같이 반응하기

★자기주도성을 키우기 위해 아이의 행동에 아낌없는 칭찬하기

05
아이의 자존감 형성은 부모의 숙제다

다섯 살 시연이에게 비교적 나이가 많은 아빠는 외동딸인 시연이가 원하는 것은 뭐든 다 받아주거나 해결해주기 위해 발 벗고 나선다. 시연이 엄마 또한 시연이와 관련된 일에 예민하게 반응하고, 세 가족은 항상 시연이를 중심으로 돌아간다.

새학기가 되고 나는 시연이가 있는 반을 맡게 되었는데, 나 말고도 다른 선생님도 함께 교실에 있는 투담임제였다. 정신없는 3월을 보냈지만 시연이는 다른 아이들에 비해 교실에서 적응을 잘하고 규칙도 잘 지키는 편이었다. 시연이 엄마도 시연이가 내가 너무 좋다고 집에서 자주 말한다고 하며 적응을 잘하는 것 같아 안심된다고 흡족해했다.

하지만 문제는 몇개월이 지난 후부터 나타났다. 시연이의 교실에서의 행동은 평소와 다르지 않았다. 하지만 어느 날 시연이 엄마에게 전화가 왔다. 시연이 엄마는 A선생님에게 차마 물어 볼 수 없는 내용이라고 말 하며 이야기를 시작했다.

"우리 시연이가 말하기를 A선생님이 자기를 때렸다고 말하네요. 아이들이 없을 때 자신의 엉덩이를 때렸다고 말하기에 어떻게 된 일인지 궁금하네요. 혹시 알고 있으면 말해주세요."

시연이 엄마의 말을 듣고 너무 놀랐지만 A선생님과의 대화를 통해 상황을 파악하는 것이 중요했다. A선생님은 평소 시연이가 나를 더 좋아하는 것을 알았지만 오히려 친해지기 위해 노력하는 중이었다. 나 또한 A선생님을 잘 알기 때문에 아이를 때리지 않았다는 것을 믿을 수 있었다. 하지만 시연이는 왜 엄마에게 선생님이 자신을 때렸다는 거짓말을 한 것일까?

A선생님도 많이 놀랐기 때문에 점점 시연이를 피하게 되었다. 하지만 시연이와 A선생님과의 상호작용이 자주 일어나지 않았음에도 시연이는 엄마에게 또다시 A선생님이 자신을 때렸다고 말했다는 것이다. 시연이 엄마도 시연이가 거짓말을 할 리가 없다고 생각했다. 일을 해결하기 위해 나는 시연이와 단 둘이 대화하는 시간을 가졌다.

"시연아, 선생님이 시연이를 때렸어?"

"네"

"어디를 어떻게 때렸어?"

시연이는 엉덩이를 가리켰다. 이후에도 어디서, 어떻게, 혼자 맞았는지에 시연이의 입장을 배려하며 차분하게 질문했다. 대부분의 아이들이 완벽한 거짓말을 어려워하듯이 시연이 역시 여러 가지에 대해 물어보자 거짓말이 드러났다. 혼자 맞았는지에 대해 물어보자 시연이는 다른 친구와 함께 맞았다고 말했다. 하지만 다른 친구에게 물어봐도 괜찮은지 물어보자 그건 싫다고 말하는 것이다. 실제로 그 친구를 따로 불러 물어보았지만 그 친구는 A선생님이 자신을 때린 적이 없다고 말했다.

친구에게 확인하고 시연이에게 다시 물어보자 자신이 거짓말을 했다는 것을 인정했다. 시연이는 자신의 거짓말이 들통났기 때문인지 눈물을 흘렸다. 시연이 엄마에게도 자세한 상황을 설명해줬다. 시연이 엄마는 그래도 시연이가 거짓말을 했다는 것에 확신하지 않았다. 나와 시연이가 마주앉아 대화하는 부분에서 어쩔 수 없이 시연이가 그렇게 대답했을 수도 있다고 말했다.

외동딸로 자라고 있는 시연이는 엄마와 아빠의 사랑을 한 몸에 받으며 자랐다. 하지만 새로운 반에 들어오면서 많은 친구들 사이에서 자신이 선생님에게 주목받지 못하고 있는 느낌을 받고 그러한 거짓말을 했다고 생각된다. 엄마에게 A선생님이 자신을 때렸다고 말하자 엄마가 더 많이 관심을 가져주고 신경써줬기 때문이다. 엄마와 아빠에게 자극을 주는 거짓말을 하면 더 크고 예민하게 반응하는 것을 아는 것이다. 나는 시연이의 마음을 이해하지만 앞으로 거짓말을 하지 않도록 약속했다. 시연이의 거짓말로 인해 A선생님과 다른 사람들이 상처받게 된다는 것을 알려줬다.

시연이 엄마와 아빠처럼 시연이를 향한 무조건적인 사랑이 아이들의 자존감을 높이는 행동일까? 무조건적인 사랑은 오히려 아이들에게 좋지 않은 영향을 준다. 오히려 자신을 믿지 못하고 다른 사람에게 의존하는 아이로 자라게 만드는 것이다. 다른 사람에게 의존하기 때문에 관심을 위한 거짓말을 하게 되는 것이다. 아이의 자존감을 위해서는 적당히 스스로 해볼 수 있는 기회를 주는 것이 중요하는 것이다.

자신을 믿고 자존감 높은 아이로 자라게 하는 방법은 부모가 아이를 먼저 믿어줘야 한다. 여기서 믿어주는 것은 아이의 거짓말까지 다 믿는 것이 아니라 아이 스스로 다양한 경험을 해보고 해결능력을 길러주는 것이다. 똑같은 환경에서 자존감이 높은 아이와 낮은 아이의 대응 방식과 결과는 자존감에 따라 다르게 나타난다. 자존감이 아이의 생각과 행동에 많은 영향을 주기 때문이다.

내가 교사로 있을 때 추석을 맞은 어린이집에서는 아이들을 위해 민속놀이 행사를 준비한다. 아이들은 어린이집에서 다양한 민속놀이에 도전하거나 체험하는 시간을 갖는다. 민속놀이 중에는 투호던지기가 있었다. 나는 반 아이들에게 투호던지기게임 방법을 설명해주고 아이들에게 5개 던져서 3개 이상 넣어보는 게임을 제안했다.

자존감이 높은 민경이는 게임시작 전부터 자신감이 넘친다. 점수를 넘길 수 있다고 자신 있게 말하며 실제로도 3개 이상을 넣는다. 또한 당연히 다음번 게임에서도 넣을 수 있다는 확신을 한다.

반면 자존감이 낮은 지영이는 게임 시작 전부터 자신의 실패를 예상한다. 실제로도 힘없이 던지기 때문에 실패하게 된다. 지영이는 자신의 결과에 스스로를 자책하고 다시 도전해도 성공하지 못할 것 같다고 말하며 게임에 참여하기를 피한다.

또는 점수 획득에 자신감을 보였지만 아쉽게 획득하지 못한 나영이도 있다. 그러나 나영이는 실패해도 실망하거나 포기하지 않는다. 다른 친구를 관찰하고 자신의 문제점을 보완해서 다시 도전한다. 마지막으로 자신의 실패를 예상했지만 성공한 다현이도 있다. 그러나 다현이는 운이 좋았다고 생각한다. 다시하면 성공하지 못할 것이라고 말한다.

이렇게 아이들은 자존감에 따라 자신의 도전을 받아들이는 관점이 다르다. 그리고 성공과 실패에 대한 생각의 차이도 달라진다. 이러한 생각의 차이는 아이가 자라는 환경에 따라 영향을 받기 때문이다. 도전하는 아이에게 용기를 주는 긍정적인 환경에서 자란아이는 자신의 도전에 자신감을 가지게 된다.

《고대에서 현대까지 한 권으로 배우는 전략의 교실》의 저자 스즈키 히로키는 성공하는 기업을 바닥에서부터 지탱하고 있는 것은 그

회사를 특별한 존재로 만드는 리더와 특별한 회사에 있다고 마음속으로 믿고 있는 직원들의 힘에 있다고 말했다. 즉, 특별하다고 믿는 것이 특별한 제품을 목표로 하게 만들며, 다른 회사가 할 수 없다고 여기는 것을 이루어내는 정신력으로 이어진다는 것이다. 성공적인 기업을 이끌어가기 위해서 자신이 특별한 곳에 있다고 믿는 것이 아주 중요하다는 것이다. 아이들에게도 스스로가 특별하다는 믿음은 자신을 더 가치 있다고 여기게 만들고 그에 맞는 자신감을 가지고 목표를 성취하는 것이 가능하다는 것이다.

자존감은 자신에 대한 가치를 판단하는 기준이 된다. 자신에 대한 가치를 낮게 평가하는 사람은 자존감이 낮은 사람이며 높게 평가하는 사람은 자존감도 높다고 할 수 있다. 스스로에 대한 믿음이 강하기 때문에 주어진 것에 대한 성과를 이뤄낼 수 있는 유능한 사람이라고 생각하는 것이 가능하다.

부모는 아이의 자존감 형성에 가장 중요한 요인이 된다. 아이가 항상 부모의 사랑과 관심을 받고 있음을 느끼게 해야 한다. 자존감을 높여서 자신을 사랑하는 마음을 갖게 하고 소중한 존재임을 알게 하는 것이 부모의 숙제라고 할 수 있다. 자존감을 높이는 방법을 알고 실천을 통해 아이의 자존감이 높아진다.

자기 효능감을 키우는 TIP

★작은 목표라도 도전하게 하고 도전에 대한 성취감을 늘려가는 것으로 자기 효능감이 자랄 수 있습니다.

06
아이의 자존감 엄마에게 달렸다

아이들은 자신의 감정과 심리를 숨기는 것이 힘들다. 감정을 숨긴다고 해도 티가 나기 때문에 금방 들키게 된다. 때문에 어른들은 아이들이 기쁘고, 슬프고, 화나는 감정을 이해하고 잘 받아주고 있다고 착각하게 된다. 하지만 겉으로 드러나는 감정보다 아이의 생각과 심리를 알기 전까지 우리는 아이의 진짜 속마음을 모르고 있다. 어쩌면 아이들도 어른들처럼 자신의 아픔을 숨기고 있을 수 있다. 자존감이 형성되는 중요한 시기에 어떤 상처로 인해 결핍되어 있을 수 있다.

6세 반을 맡으면서 수지라는 적극적인 여자아이를 만났다. 친구와 놀 때는 여자 친구, 남자친구 가리지 않고 놀고 싶은 친구에게 적극적으로 다가가서 같이 놀자고 표현한다. 수업 시간에 적극적으로 참여하고 발표하는 것을 좋아한다. 활동 할 땐 자신의 결과물에 애착도 있어서 뭐든 꼼꼼하게 열심히 한다. 얘기하는 것을 좋아하기 때문에 특히 좋아하는 친오빠에 대한 얘기를 많이하고 오빠가 하는 것이라면 모두 따라 하고 싶어 한다.

하지만 이런 수지에게도 문제점이 있었다. 정직하게 표현하는 것이 서툴고 거짓말을 많이 한다는 것이다. 주말동안 무엇을 하고 왔는지 발표하는 시간에 수지는 아빠와 오빠와 바다에 다녀왔다고 말한다. 그런데 그날 수지 엄마와 통화 하면서 바다를 다녀왔는지 물어보면 엄마는 그런 적이 없다고 말한다.

한번은 수지가 친구 물건을 탐내고 눈에 보이는 거짓말을 해서 난감하게 만든 적이 있었다. 수지와 혜연이가 색칠하기를 하면서 놀고 있었는데 갑자기 혜연이가 우는 것이다. 나는 깜짝 놀라서 혜연이를 달래며 왜 우는지 이유를 물었다. 이유는 혜연이가 전날 집에서 캐릭터 그림을 색칠해서 교실에 들고 왔었다. 그런데 그날 없어졌던 캐릭터가 수지에게 있다는 것이다.

나는 수지에게도 어떻게 된 일인지 물었다. 수지는 그림을 가져가지 않았다고 말했다. 혜연이가 가져온 캐릭터 그림을 집에서 똑같이 그려서 보여줬더니 자기 것이라고 말한다는 것이다. 나는 수지에게 그림 그린 것을 가져와서 보여 달라고 말했다. 그리고 수지가 가져온 그림을 보자마자 수지가 거짓말 했다는 것을 알았다. 수지가 보여준 그림은 따라 그린 그림이 아니었다. 색칠하기 책을 찢은 그림이었던 것이다.

여기서 만약 아이의 거짓말이 일시적이고 상황을 모면하기 위해 둘러댄 것이라면 심각하게 생각할 필요는 없다. 상황을 모면하기 위해 당황해서 거짓말을 한 경우 다음부터는 거짓말을 하지 말라고 짧게 지적하는 것으로 충분하다. 아이가 두려움을 느낄 수 있으니 화가 났어도 화내지 않고 말해야한다. 거짓말을 한 마음을 충분이 이해하고 공감한 후 다음부터 올바른 행동을 하자고 약속하면 되는 것이다.

나는 수지의 거짓말을 심각하게 생각 할 수 있지만 수지 스스로 자신의 잘못을 인정하고 친구에게 사과할 수 있도록 지도했다. 아이들은 무엇이 옳고 무엇이 잘못된 행동인지 정확하게 판단하는 능력이 부족하다. 때문에 거짓말을 하면 안 된다고 말하더라도 아이들은 자신이 말하는 것이 거짓말인지도 모르고 있을 수 있다. 아이들이 모르고 그렇게 행동한 경우에는 정확하게 짚어주고 기다려줘야 한다. 아이들 행동의 변화에는 항상 시간이 필요하다. 당장 아이들의 행동이 변하지 않는다고 다그치기 보다는 꾸준하게 알려주고 기다려줘야 한다.

그러나 수지의 문제는 이후에도 거짓말을 한다는 것과 친구의 물건을 집으로 가져가기도 한다는 점이다. 수지가 계속 거짓말을 하거나 남의 물건을 가져가는 것은 수지 마음속에 뭔가 다른 결핍이 있기 때문이었다.

그러던 중 수지엄마는 수지 마음을 알아 볼 수 있는 심리검사를 하는 기회가 생기게 됐다. 심리검사 결과로 현재 수지의 마음 상태를 그대로 알 수 있게 되었다.

심리결과 결과 수지네 집은 평소에 공부를 잘하고 똑똑한 오빠를 중심으로 돌아가고 있었기 때문에 수지는 엄마와 가족들에게 관심 받고 싶은 욕구가 있는 것이다. 수지가 거짓말을 하고 남의 물건을 가져가는 행동의 이유는 가족에게 소외되는 허전한 마음을 물질로 채우고 싶은 욕구 때문이었다.

아이가 남의 물건에 손을 대고 몰래 가져 오는 행동을 한다면 아이의 내면과 심리에 주목할 필요가 있다. 이미 마음에 결핍이 생긴 아이에게 남의 물건을 가져오는 것에 대한 훈육과 야단은 의미가 없다. 오히려 아이는 야단을 맞을수록 그것이 자신을 향한 부모의 관심표현이라고 생각하게 된다. 때문에 야단을 맞아도 부모의 관심을 받기 위해 같은 행동을 하는 것이다.

아이의 잘못된 행동에 흥분하기 보다는 "다른 사람의 물건을 가져오는 행동은 나쁜 행동이야. 물건을 잃어버린 사람의 마음이 얼마나 속상하겠니?"라는 말로 차분하게 아이의 행동을 지적하는 것이 좋다. 행동에 대한 지적과 피해를 입은 사람의 마음을 생각하게 하고 아이가 가져온 물건을 직접 사과하고 돌려주도록 지도해야 한다.

그러나 마음에 결핍이 있는 아이들에게 가장 좋은 해결책은 부모의 관심과 사랑이다. 심리 검사에서 나왔듯이 수지는 가족들에게서 소외받고 있다고 생각한다. 오빠에게 집중된 관심으로 수지의 자존감은 낮아지고 있다. 수지가 매사에 오빠의 행동을 따라하는 이유는 오빠와 똑같이 행동하면 부모님의 사랑을 받을 수 있다고 생각하기 때문이다.

《긍정의 훈육》의 저자 제인 넬슨 · 셰릴 어윈 · 로즐린 앤 더피는 아이에게 가장 중요한 목표는 자신이 받아들여지고 있고, 연결되어 있음을 실감하는 것이라고 말했다. 그리고 삐뚤어진 아이는 좌절한 아이라는 사실을 기억해야한다. 이에 무조건적이고 애정이 가득 담긴 수용만큼 아이에게 격려가 되고 효과적인 것은 없다고 말했다.

아이의 자존감은 엄마의 관심과 사랑으로 자랄 수 있다. 가족과 연결되어 있고 스스로를 믿고 받아들여지고 있다는 것을 느끼게 하는 것이 엄마의 역할이다.

결핍된 사랑으로 인해 자존감이 부족한 아이들을 위해 자존감을 높이는 환경을 만들어줘야한다.

자존감 높은 아이의 엄마는 아이와의 애착형성에 집중한다. 안정적인 애착이 형성되는 시기를 놓치고 애착이 제대로 이루어지지 않으면 아이는 분리불안이 생기기도 한다. 애착형성이 중요한 이유는 아이가 자라서 어른이 되었을 때에도 성격과 사회성 등에 큰 영향을 미치기 때문이다.

아이의 발달 특성과 일어나는 신체 변화에 관심을 가지는 것도 중요하다. 아이의 발달에 특이 사항이 발견되고 그 현상에 대해 이해하고 있어야 때에 맞는 적절한 조취를 취하는 것이 가능하다. 아이가 발달하는 중에 가지는 특성 중에 매년마다 두 세명씩 꼭 나타나는 특징이 있었다. 그것은 바로 짧게는 일주일, 또는 길게는 이주 이상씩 아이가 화장실에 가서 쉬를 자주 한다는 것이다. 쉬를 자주 하는 것은 문제가 되지 않을 수 있지만 아이가 화장실에 가서 쉬가 나오지 않아도 쉬를 하기 위해 변기에 앉아 괴로워한다는 것이다. 하루에도 수십번씩, 짧게는 20분마다 화장실을 왔다 갔다 하며 쉬가 마렵다고 한다. 병원에 가서 검사를 해봐도 소변에는 문제가 없다는 것이 의사의 소견이다.

처음 아이를 키우는 엄마들 내 아이에게 이런 일이 일어나면 '우리 아이가 왜 그럴까'하고 걱정부터 하게 된다. 하지만 나는 해 마다 일어나는 일이기에 엄마를 안심시키고 아이의 현재 환경을 살펴보는데 집중하도록 얘기한다. 아이가 불안하거나 스트레스를 받고 있는 상황이 아닌지 생각해보고 그것을 해결하기 위한 노력을 하는 것이 중요하다. 아이의 불안을 해소시켜주고 항상 아이 곁에 엄마가 있다는 것을 말이나 행동으로 표현하는 것이 좋다. 엄마에 대한 믿음이 강해지는 아이는 이러한 불안감이 생겨도 금방 이겨내는 것이 가능하다.

이렇듯 아이의 불안한 심리상태는 대부분 가정과 엄마와의 관계에서 일어난다. 불안한 심리상태가 지속되는 경우 아이들의 자존감은 쉽게 낮아진다. 때문에 엄마는 아이의 심리상태에 예민하게 반응할 필요가 있다.

아이의 성격발달과 자존감은 엄마의 양육태도에 달려있다. 아이의 심리를 이해하고 자존감을 높이는 환경을 제공하는 것에 집중하자. 어떻게 키워야 하는지에 대한 답은 엄마에게 달려있다.

아이와 안정적 애착 가지기

★하루 30분 아이와 애착놀이하기

★아이의 감정에 민감하게 반응하며 아이주도 놀이하기

07
자존감이 아이의 인생을 결정한다

자존감이 높으면 힘든 일이 와도 쉽게 무너지지 않고 견뎌내는 힘이 있다. 자존감이 높다는 것은 자신을 소중하게 생각하고 사랑하는 마음이 크고, 어떤 일이 주어져도 해낼 수 있는 확신이 강하다는 뜻이다. 자존감이 높은 사람은 정체성이 강하기 때문에 자신이 원하는 꿈과 목표가 뚜렷하고 열심히 노력하면 이뤄진다고 믿는다.

아이의 자존감을 키우는 것은 엄마에게 달려있고, 자존감은 엄마와 아이가 평소에 대화하는 것으로도 달라지게 만든다.

내가 어릴 때부터 자존감을 키우고 자신감이 생길 수 있었던 이유는 엄마 덕분이었다. 엄마는 내가 어떤 도전을 할 때마다 나를 믿고 힘이 나도록 응원해주셨다.

"파이팅! 잘 할 수 있다", "잘 될 거야"

새로운 일에 도전하기 전에 갖는 마음가짐은 도전의 결과에 큰 영향을 미치게 만든다. 자신 있게 도전하는 사람과 자신 없게 도전하는 사람의 결과와 결과를 받아들이는 태도는 다르게 나타난다. 자신 없는 사람에게 응원하고 용기를 주는 말은 도전하는 것에 대한 자신감을 줄 수 있다. 특히 아이들에게 엄마가 주는 용기는 더 큰 효과를 나타낸다. 자신 없는 아이에게 "할 수 있다"는 말 한마디로 자신 있게 도전하는 마음이 생긴다. 또한 "실패해도 괜찮아"라는 말은 반드시 잘해야 한다는 부담을 덜어준다. 나에게 용기를 주는 엄마의 말 덕분에 다양한 것을 부담 없이 경험해 볼 수 있었다. 하나의 좋은 경험이 되어 더 나은 나를 성장시키는 밑거름이 되었기 때문이다. 아이들에게 필요한 것은 "잘 해야 해"라는 말 대신 "실패해도 괜찮아", "파이팅!"이라는 용기를 주는 한마디라는 것을 기억해야한다.

항상 용기를 주는 엄마가 있어 나는 피아노, 미술, 아이스 스케이트, 발레, 가야금 등 다양한 경험을 통해 도전에 대한 두려움 보다는 즐거움을 느낄 수 있었다. 이러한 어릴적 다양한 경험은 어른이 되어서도 자존감을 높이고 다양한 시도를 해볼 수 있는 용기를 줬다.

나는 직접 체험하고 도전하는 것과는 반대로 공부는 좋아하지 않아서 학창시절의 성적은 좋지않았다. 그런데 고등학교 2학년때 좀 더 좋은 대학에 가고 싶어 최선을 다해 공부하니 성적이 향상되었고, 공부도 재밌게 느껴졌다.

내가 꼴찌와 가까운 성적에도 공부를 포기하지 않을 수 있었던 이유는 자존감이 높았기 때문이다. 자존감이 낮았다면 낮은 성적에 쉽게 좌절하고 포기했을 것이다. 새로운 것에 계속 도전하고 실패해도 좌절하지 않는 힘은 자존감에서 온다.

학교를 졸업하고 직장을 다니면서도 나는 독서를 하면서 키운 꿈인 책쓰기에 도전했다. 항상 내가 선택하는 것에 후회가 없도록 나를 믿고 최선을 다하려고 한다.

책쓰기의 꿈을 갖게 된 것은 오래되지 않았다. 독서에 관심이 많아 쉬는 날이나 시간이 있을 때마다 틈틈이 독서 하는 습관을 가지기로 생각하고 도서관을 들렀다. 조금씩 독서에 재미를 붙여갈 때쯤 나도 언젠가 책을 써야겠다는 생각을 하게 되었고, 우연히 도서관에서 김태광 작가의《운명을 바꾸는 기적의 책쓰기》라는 책을 읽게 되었다. 그 책을 읽고 나서 책 쓰기에 도전을 바로 실천하게 되었다. 어려운 일이 닥쳐도 이겨 낼 수 있다는 믿음과 도전하는 긍정적인 생각은 어려서부터 자존감이 높았기 때문이다. 그리고 그 자존감은 엄마의 긍정적인 말과 믿음에서 만들어졌다.

사람들은 자존감이 중요한 것을 알고 있지만 어떻게 높이는지에 대해서는 어렵게 생각한다. 아이의 자존감을 키워주기 위해 엄마가 기억해야하는 것이 있다.

엄마는 아이를 자신의 소유물로 생각해서는 안 된다. 아이를 하나의 인격체로 인정하고 존중하는 태도로 대해야한다. 아이와 대화할 때는 강요하고 훈계하기 보다는 아이의 마음을 공감하고 이해하기 위해 노력해야한다. 아이에게도 감정과 욕구를 가지고 있다는 점을 기억하고 도전하고 싶은 것을 경험 할 수 있는 기회를 제공해야한다. 자신의 의견을 인정받는 아이는 자존감이 높아진다. 스스로의 선택을 믿고 책임감을 가지게 되는 것이다.

철학자 소크라테스 또한 항상 자신의 생각을 타인에게 강요하는 법이 없었다고 한다. 어떤 엄마가 원하는 것을 가르치기 위해 아이가 하고 싶지 않은 것을 강요하는 경우도 봤다. 하지만 엄마가 원하는 것은 오히려 아이를 지치게 만들고 자존감을 떨어트리는 일이라는 것을 기억해야한다. 소크라테스의 말처럼 엄마의 생각을 강요하기 보다는 아이의 생각을 존중하고 들어주는 노력이 중요하다.

자존감이 우리의 인생을 결정한다. 자존감 높은 사람이 자신의 인생을 성공으로 이끌어 갈 수 있다. 지금 우리 아이의 자존감은 어떤가? 아이의 일생을 결정짓는 중요한 시기에 우리 아이의 자존감을 높이는 방법을 알고 실천해야한다. 자존감이 아이의 인생을 결정짓는다.

자존감을 낮추는 부모의 말

★부정적인 말

★지시와 명령, 지적

자존감을 높이는 부모의 말

★긍정적인 느낌 말해주기

★맞장구쳐주는 말 많이 해주기

Chapter 02

자존감이 있는 아이는 다르다

자존감이 왜 중요할까? 자존감 있는 아이는 무엇이 다른가?
행복한 아이로 키우기 위해 고민하는 엄마의 해결책!

01
자존감 있는 아이는 다르다

몬테소리교육은 유아스스로 작업을 찾아 선택하도록 미리 교실에 준비된 환경을 제공한다. 보통 몬테소리환경에 처음 접한 아이는 교실에 배치되어 있는 많은 작업에 당황한다. 선택의 폭이 너무 넓고 교구의 사용법을 몰라서 우물쭈물 하는 아이들이 많다. 하지만 5세였던 지윤이는 자존감이 높은 아이였다. 모르는 것이 있어도 당황하지 않고 도전해서 스스로 하고 싶은 작업을 찾고 선택했다. 할 수 있다는 믿음이 있는 아이였다.

반면에 자존감이 낮은 아이도 있었다. 선우는 교실에 와서 스스로 작업을 선택하는 것에 어려움을 느낀다. 도와줄까 물어보면 하고 싶은 작업이 없다고 말한다.

"선생님이 쉬운 작업을 골라줄게. 해볼래?"

"너무 어려울 것 같아요. 자신 없어요"

자신감이 없는 선우를 위해 쉬운 작업을 선택해서 함께 해주지만 선우는 그 이후에도 스스로 작업을 선택하지 못한다. 선생님과 함께 했던 쉬운 작업만 골라 선택하거나 친구들이 하는 작업을 구경할 뿐이다. 어려운 작업을 제안해주면 자신은 해 낼 수 없다는 말을 하거나, 포기하고 싶다는 말을 쉽게 한다.

아이의 자존감이 낮으면 아무리 좋은 환경이 주어져도 처음부터 자신을 위한 것이 아닌 마냥 쉽게 포기한다. 자신이 하는 일에 확신을 갖지 못하기 때문에 쉽게 결정하지 못한다. 과거에 실패한 기억을 떠올리고 자꾸만 작아진다. 자기 자신의 마음보다 타인의 말에 휘둘리는 것이다.

《나의 상처는 어디에서 왔을까》의 저자 산드라 콘라트는 "사랑받지 못한 아이"가 성인이 되었을 때 친밀감을 두려워하고 상대가 진심으로 진지한 관계를 원한다는 사실을 좀처럼 믿지 못하는 불안정한 애착관계를 맺게 될 확률이 매우 높다고 말했다.

낮은 자존감은 스스로 사랑받지 못하다는 생각에서 오는 것이다. 성인이 되어서도 다른 사람과 친밀감을 가지고 자기 확신을 가지기 위해서는 자존감을 높이고 아이의 개인능력을 끌어올리는 것이 중요하다. 자존감을 끌어올려 행동에 자신감을 가지고 스스로 선택하는 삶을 살도록 이끌어야한다. 자신의 능력을 믿을 때 아이도 어른도 긍정적인 삶을 살 수 있다.

존 허셀은 자존감에 대해 "자존이야말로 모든 미덕의 초석이다" 라고 말한다. 자존감이 모든 미덕의 초석인 이유는 자존감이 높은 사람은 사회에서 자신의 능력에 자신감을 가지고 해 내며, 다른 사람과의 긍정적인 관계를 유지하기 때문이다. 실수가 생기더라도 흔들리지 않고 유연하게 대처 할 수 있다.

자존감이 높은 아이는 자신의 미래에 대한 꿈이 있다. 졸업시즌이 오거나 발표회가 다가 올 때면 아이들마다 자신의 꿈을 발표하는 시간을 갖기도 한다. 그때, 자존감이 높은 아이들에게 꿈이 무엇인지 물어보면 자신의 꿈을 자신 있게 말한다. 소방관이 되고 싶다고 말하거나 경찰관, 선생님, 의사 등등 다양한 직업이 되고 싶다고 말한다.

반면 자신이 되고 싶은 것이 무엇인지 모르는 아이들도 있다. 어떤 일을 하고 싶은지, 커서 무엇을 하고 싶은지 물어보면 없다고 말하거나 아예 대답을 하지 못하기도 한다. 어떤 직업이 있는지 몰라서 대답을 하지 못할 수도 있고 생각할 시간이 부족할 수 있다. 때문에 어떤 직업이 있는지 예시를 보여주기도 하지만 자존감이 낮은 아이는 생각할 시간을 줘도 대답하지 못한다.

5살 아이들과 꿈에 대한 이야기를 나누면 꿈에 대해서 이제 막 고민하기 시작하는 모습을 보인다. 5살 아이들 중에는 꿈이 무엇인지 정확하게 모르는 아이들도 많다. 미래에 어른이 되어서 자신이 하고 싶은 일이 무엇인지 쉽게 질문하면 그때서야 평소에 자신이 좋아하고 관심 있어 했던 것을 떠올리며 발표한다. 5살 아이들은 대부분 주변 친구들의 이야기를 듣고서 자신의 꿈에도 관심을 가진다. 주변 친구의 생각을 따라 생각하기 때문에 대부분 친구들과 비슷한 꿈을 이야기한다. 여자아이들은 선생님이나 발레리나 또는 공주가 되고 싶다고 말하기도 한다. 남자 아이들은 경찰관이나 소방관 등을 이야기한다.

6세와 7세가 되면 더욱 다양하고 구체적인 꿈에 대해 이야기하는 것이 가능하다. 또한 공주나 왕자 등 추상적인 것보다 좀 더 실제적인 직업이 되고 싶다고 말한다. 실제적인 꿈에 대한 이야기를 하는 만큼 아이들은 꿈에 대한 생각이 깊어진다. 때문에 현재 자신이 관심을 가지고 있는 분야의 직업을 떠올린다. 평소에 그림을 잘 그리고 현재 미술학원을 다니는 아이는 화가가 되고 싶다고 말을 하거나, 태권도에 다니는 아이들은 태권도 사범님처럼 되고 싶다고 말하기도 하는 것이다.

그러나 아이들 중에서 자신감이나 자존감이 낮은 아이들은 되고 싶은 직업에 대해 정확하게 답을 내리는 것을 힘들어한다. 꿈을 찾지 못한 아이들은 울음을 터뜨리기도 한다. 결국 다른 친구의 직업을 보고 따라서 결정하거나 선생님의 도움으로 되고 싶은 것을 결정하게 된다. 물론 아이들의 꿈은 자라면서 계속 바뀐다. 그러나 중요한 것은 자존감이 낮은 아이는 현재 자신이 원하는 것이 무엇인지 스스로 결정을 내리지 못한다는 것이다.

반대로 자존감이 높은 아이는 자신이 되고 싶은 꿈을 떠올리며 즐거움을 느낀다. 그림 그리는 활동을 하는 경우에는 자신의 미래를 상상하며 행복함을 느낀다. 또한 자신의 결과물을 선생님이나 다른 친구들에게 보여주고 자랑하며 어떤 모습인지 설명하고 뿌듯해한다.

자신이 좋아하는 일이 무엇인지 알고 꿈꾸는 일을 상상하며 행복함을 느끼는 아이로 키우기 위한 기술은 뭘까? 아이들의 행동을 응원하고 칭찬하는 것이다. 꿈을 가지지 못하고 자신이 원하는 것이 무엇인지 모르는 아이는 평소에도 자신의 생각에 자신이 없다. 자신이 없는 이유는 선천적으로도 그럴 수 있지만, 과거에 이미 여러 번 자신의 생각을 외면 받았을 가능성이 있다. 자신이 생각하는 것을 외면 받은 아이는 점점 자신감이 낮아지게 된다.

때문에 자신감이 부족한 아이들을 위해 나는 이런 말을 자주 해줬다.

"네 생각이 맞아. 잘 하고 있으니 걱정하지마"

자신감이 없는 아이들은 자신의 생각이 맞는지, 자신이 잘 하고 있는지에 대한 의심을 한다. 잘 하고 있다는 말로 아이에게 자신감을 심어주고 네 생각이 맞다는 말로 용기를 줄 수 있다. 간단한 말이지만 아이에게는 큰 힘이 될 수 있다. 그러나 어떤 때에는 다른 친구들이 자신감 없는 아이에게 틀렸다고 말하며 놀리는 경우도 있다. 하지만 자신이 믿는 대상인 선생님이 격려해주고 그렇게 하는 게 맞다고 말해주는 것으로 아이는 자신을 믿는 힘이 생긴다. 가령 아이가 하고 있는 것이 정말 아니더라도 자신감이 부족한 아이에게는 그렇게 하는 게 아니라는 말로 아이의 기를 죽이는 말을 하지 않는 것이 좋다. 그럴 때는 아이에게 다른 방향도 있다는 것을 알려주고 스스로 방향을 잡을 수 있는 기회를 줘야한다.

마지막으로 자신감을 가지고 행동한 아이에게 오늘 정말 자신감 있게 잘 했다는 말로 아이를 칭찬해야 한다. 자신감을 가지고 한 행동한 것을 칭찬 받음으로써 아이는 다음번에도 자신감을 가지고 행동 할 수 있는 용기가 생긴다.

아이의 자존감은 부모에게 달려있다. 왜 자존감이 중요한지를 알았다면 자존감을 높여주고, 꿈이 있는 당당한 아이로 키워야 한다.

불안한 아이 용기를 주는 TIP

★간단한 활동으로 성공경험 자주 익히기

★아이의 성공 칭찬하기

★불안한 감정을 공감하고 아이의 도전 격려하기

02
당당한 아이, 소심한 아이

하루는 이야기 나누기 시간에 아이들과 주말 동안 있었던 일에 대해 발표하는 시간을 가졌다. 주말동안 어떤 일을 했는지 질문하면 아이들은 너도나도 손을 들고 발표하고 싶어 한다. 아이들의 이름을 한명씩 부르면 앞에 나와서 발표하고 들어간다. "엄마와 아빠와 이마트에 다녀왔어요", "캠프 다녀왔어요", "오빠랑 엄마랑 집에서 놀았어요" 등…. 아주 짧게 할 말만 하는 아이도 있고 길게 생각하며 말하는 아이도 있다. 대부분의 아이들은 발표를 통해 자신의 이야기를 친구나 선생님에게 자랑하는 것을 좋아한다.

당당하게 발표를 잘하는 아이는 많은 부모님들이 원하는 모습 중 하나다. 유아기뿐만이 아니다. 성장하고 자라는 동안 아이들은 계속 발표와 표현의 중요성을 배운다. 발표를 잘하는 아이에 대한 인식은 '저 아이 참 당당하게 발표를 잘하네'라고 긍정적으로 여겨진다.

그런데 소심한 성격의 아이도 발표할 때만큼은 눈에서 빛이 나는 아이들이 있다. 내성적인 아이가 발표 할 때면 손을 들고 조곤조곤 자신의 할 말을 하고 들어간다. 발표를 하지 못하는 아이는 당당한 아이도 소심한 아이도 아니다. 자존감과 자신감이 낮은 아이가 발표하는 것을 두려워한다.

자신감이 부족한 아이들은 발표가 아니여도 자신이 하고 싶은 말을 제대로 전하지 못한다. 자신감을 심어주기 위해 따로 질문을 던져도 대답하지 못하는 경우가 많다.

남들 앞에서 자신의 이야기를 하는 것은 어른이 되어서도 떨리는 일이다. 나 또한 사람들 앞에서 발표하는 일이 생기면 손과 목소리가 떨린다. 머릿속이 하얗게 되고 무슨 말을 했는지 기억이 안 난다. 그렇다고 발표를 하고 싶지 않은 것은 아니다. 누구나 마음속에는 자신의 발표력을 믿고 앞에 나서고 싶은 마음이 있다. 하지만 앞에 나서는 순간 부끄러운 마음과 실수하는 자신을 남들이 놀리지 않을까 하는 두려움을 가지기 때문에 발표가 어렵게 느껴진다.

발표를 잘하는 아이로 키우는 요령은, 질문에 대해 아이가 틀리더라도 꾸짖거나 다그치면 안 된다는 것이다. 아이가 하는 말을 잘 들어주고 공감해줘야 한다. 아이들은 다른 사람이 내 이야기를 잘 들어준다는 것을 느끼면서 자신감을 얻는다.

독서를 통해 아이의 자존감을 높이고 소통 능력을 키워 줄 수도 있다. 책을 또박또박 읽는 습관을 길러주고 생각을 말로 표현하는 방법을 알려줘야 한다. 아이에게 질문을 할 때는 "왜?"라는 질문보다 "어떻게 알게 됐어?", "결과를 어떻게 알게 됐어?" 등 아이가 생각해 볼 계기를 만들어 주는 것이 좋다. 독서를 하는 과정에서 아이는 분석력과 판단력, 어휘력 등을 키울 수 있다.

나는 아이들이 집에서 읽고 싶은 책이 있을 때는 함께 볼 수 있도록 교실로 가져오도록 이야기를 한다. 자신이 재밌게 읽었던 책이나 친구들과 함께 보면 좋은 책, 혼자서 읽기 어려운 책 등을 가지고 와서 함께 읽어보는 시간을 가지는 것이다. 아이들은 자신이 들고 온 책을 읽는 것으로 더 주의집중해서 보는 효과가 있다. 다른 아이들 또한 친구가 들고 온 책을 보고 누가 가지고 왔는지 관심을 가지고 책에 더 집중하는 모습을 볼 수 있다. 이렇게 집중해서 본 책으로 아이들에게 책에 대한 내용을 질문해서 대답하는 과정을 통해 아이들의 자신감이 높아질 수 있다. 질문에 대한 대답을 하는 아이들 중에는 엉뚱한 답을 하는 경우도 있을 것이다. 그럴 경우 틀렸다는 말보다 "그렇게 생각 할 수도 있겠구나"라는 식으로 그것 또한 멋진 생각이며 창의적인 생각에 대한 칭찬을 하는 것이 좋다. 또한 나는 발표를 한 아이에게 멋진 생각을 들려줘서 고맙다고 칭찬하는 것을 잊지 않는다.

아이와 자주 대화하는 시간을 가져서 말하고 듣는 습관을 길러주자. 부모는 아이가 모든 것을 잘하기를 바라기보다는 하나하나 도전하고 경험 하는 기회를 가질 수 있도록 옆에서 도와주는 것이 중요하다.

그런데 부모는 아이가 당당하게 행동하는 것과 버릇없게 행동하는 것의 차이점을 알고 가르쳐야 한다. 당당한 아이에게 자존감이 부족하면 버릇없는 아이로 자라게 된다. 보통 엄마들은 자신의 아이가 버릇을 판단하는 소리를 들으면 기분 나쁘게 생각한다. 하지만 아이의 버릇이 '있다', '없다'라고 판단하는 것만큼 아이의 성격을 객관적으로 바라볼 수 있는 것은 없다고 생각된다.

특히 요즘은 아이들이 바라는 요구를 아낌없이 들어주고 받아주는 부모가 많다. 오냐오냐해주는 만만한 부모에게 자란 아이들은 부모에 대한 무서움이 없다. 이런 아이들은 다른 어른들에게도 버릇없게 행동하게 된다. 그러다가 자신에게 무섭게 대하는 선생님을 만나는 경우 어린이집에 가기 싫다는 말을 하게 되는 것이다. 자랄수록 자신에게 만만한 사람과 만만하지 않은 사람을 구분하게 되고 그에 따라 다른 태도를 취하는 것이다.

보육교사 자격증이나 유치원 정교사 자격증을 따기 위해서는 교육기관에서 실습을 해야 한다. 내가 실습생이었던 시간도 있었고 나는 교사이지만 다른 사람이 실습하는 것을 본 적도 있었다. 그 때마다 느낀 것은 실습생일수록 아이를 대하는 것이 더 힘들다는 것이다. 실습 선생님이 아이들을 대할 때는 좀 더 조심스럽게 대하게 된다. 아이들의 나쁜 태도를 보아도 담임 선생님이 아니기 때문에 아이를 함부로 지적하거나 혼내는 것이 어렵다. 아이들 또한 그런 것을 느끼고 담임 선생님과 있을 때와 실습 선생님과 있을 때의 태도나 분위기가 달라진다. 아직 어린 아이들이지만 자신에게 무서운 상대와 그렇지 않은 상대를 구분할 수 있다는 것을 알아두는 것이 좋다.

당당하고 예의있는 아이로 키우기 위해서는 자존감을 높여야 한다. 자존감 높은 아이로 키우기 위해 부모는 아이의 사소한 일을 칭찬하고 행동을 긍정적으로 바라봐야한다. 친구에게 관심받기 위해서가 아닌 자신을 위해 당당하고 집중할 수 있는 아이가 되어야 한다.

아이의 성격이 내성적이고 소심한 것을 걱정하기 때문에 기질을 바꾸고 싶어하는 부모도 있다. 그러나 김현수 저자의《우리 아이를 바꾸는 성격의 비밀》에서는 발달심리전문가들이 기질에 대해 이렇게 설명해 놓았다. 아이의 행동을 세심하게 보고 일관된 모습을 관찰하여 기질을 판단해야한다. 만약 아이의 특성을 고려하지 않고 수줍어하는 기질을 바꾸기 위해 무조건 새로운 자극을 강요한다면 불안장애 불러일으킬 수 있다고 말한다. 기질이 쉽게 변하면 좋겠지만 기질은 쉽게 변하지 않는다.

내성적이고 소심한 아이에게 따라오는 말이 있다. '남에게 당하고 살 거 같다', '리더십이 부족하다', '남에게 지고 살 것 같다' 하지만 이런 불안감은 사실 소심한 아이 뿐만 아니라 당당한 아이에게도 있을 수 있는 일이다. 이런 불안감이 느껴지는 아이는 소심한 아이가 아니다. 자존감이 낮은 아이다. 자존감이 높은 아이는 이러한 걱정을 하지 않는다. 자신을 사랑하는 마음이 있기 때문에 타인의 말에 휘둘리며 자신에 대한 사랑을 의심하지 않는다.

소심하지만 자존감이 높은 아이는 내면이 강하고 단단한 것을 느낄 수 있다. 어떤 결과물을 내야하는 작업을 하는 도중 어려운 부분에 부딪힌 상황이 있었다. 이때 소심하지만 자존감 높은 아이와 소심하고 자존감도 낮은 아이의 태도는 다르다. 소심하지만 자존감이 높았던 아이는 어려운 일이 부딪혀도 좌절하며 불평하기 보다는 끝까지 해결하기 위해 노력한다. 하지만 소심하고 자존감도 낮은 아이는 어려운 일이 생기면 쉽게 의욕을 잃거나 혼자 서럽게 우는 모습을 볼 수 있다. 또한 자존감 높은 아이는 자신이 해내지 못하더라도 선생님에게 도움을 받으면 된다는 믿음이 있기에 울지 않고 씩씩하게 기다린다.

내 아이가 소심한 성격이라서 걱정하는 것이 오히려 아이를 작아지게 만드는 것이다. 부모는 소심한 아이의 성격일수록 더 많이 칭찬하고 자존감을 높여주는 것이 중요하다.

부모는 당당하고 소심한 아이들의 기질을 인정하고 존중하는 것이 중요하다. 아이의 기질을 인정하고 존중할 때 자존감은 자란다. 당당하던 소심하던 자존감이 높은 아이는 자신이 해낸 결과물을 자랑하고 싶어 한다. 하지만 자존감이 낮은 아이는 누군가 자신의 결과물을 보려고 하면 숨기고 부끄러워한다.

당당한 아이도 소심한 아이도 자존감에 따라서 자신을 자랑스럽게 여기는 마음은 달라진다. 당당한 아이에게 자존감이 있다면 스스로를 믿는 마음이 있다. 시험에서 꼴지를 하더라도 자신이 점점 나아지고 있다는 믿음이 있다. 소심한 아이 역시 자존감이 있는 아이의 내면은 단단하다. 내면을 단단하게 키워줌으로써 내향적인 특성을 강점으로 키워주는 것이 중요하다.

03
힘든 일이 닥쳐도 스스로 이겨낸다

주이라는 아이는 자존감이 잘 형성된 아이다. 밝고 긍정적이며, 자신의 생각을 믿고 확신 할 줄 안다. 그런데 어느 날 주이 엄마와의 통화에서 요즘 주이가 이상한 행동을 한다고 했다.

주이 엄마는 아침에 출근하기 전에 주이를 어린이집까지 데려다 준다. 하루는 엄마가 주이에게 오늘 늦잠을 자서 출근이 늦을 것 같으니 얼른 가자고 하자, 주이는 자신의 머리를 때리면서 "나 때문이야", "내가 잘못한 일이야"라고 말했다는 것이다. 평소와 다른 주이의 행동에 엄마는 깜짝 놀랐다. 평소의 주이라면 웃고 장난치거나 넘어갈 일이었다. 하지만 자신의 머리를 때리며 자책하는 것은 뭔가 다른 문제가 있기 때문이다.

주이엄마에게 짐작 가는 계기가 있는지 물었는데 딱히 생각나는 것이 없다고 말했다. 나는 주이와 이야기를 나누어 보기로 맘먹고, 다른 친구가 없는 조용한 곳에서 주이와 단 둘이 이야기를 나눴다. 나는 주이에게 조심스럽게 자신이 미워서 머리를 때리거나 자신의 탓을 하는 말을 한 적이 있는지 물었다. 주이도 조심스럽게 고개를 끄덕였다. 왜 그런 행동을 했는지 물어보자 자신의 행동이 잘못된 행동이기 때문이라고 했다. 왜 잘못된 행동이라고 생각했는지 묻자 주이는 한동안 말하기를 머뭇거렸다.

"선생님은 주이가 잘못한 일이 아니라고 생각해. 그런데 주이는 왜 잘못했다고 생각하는지 궁금하구나. 이야기 해줄 수 있겠니?"

"어떤 아줌마가 저보고 제가 다 잘못해서 그렇다고 했어요"

나는 놀라서 어떤 아줌마가 그렇게 말했는지 물었다. 주이가 말하길 엄마와 미용실에 다녀 온 적이 있다고 했다. 엄마가 머리를 하는 동안 주이는 미용실 앞에서 놀면서 기다렸다. 그런데 주이가 놀고 있을 때 어떤 아줌마가 자신에게 나쁜 말을 했다는 것이다.

"다 너가 잘못했기 때문이다"

"스스로 다 잘한다고 생각하지 마"

"너가 하는 행동은 잘못된 행동이야"

주이에게는 이때부터 부정적인 생각과 행동이 나타났다. 자신을 사랑하는 마음과 자존감이 높았던 주이에게 마음의 상처가 난 것이다. 나는 주이에게 자신을 탓하는 것은 좋지 않은 행동이라고 말해줬다.

"선생님은 주이가 친구를 도와주고 선생님을 도와주는 일이 너무 고마워. 선생님은 항상 주이가 모든 것을 열심히 하고 잘하고 있다고 생각해. 너를 잘 모르는 사람이 그렇게 말한 것은 잘 몰라서 하는 말이야. 자신을 사랑하지 않은 마음을 가진 사람이 다른 사람의 마음을 괴롭히는 거란다. 주이는 잘하고 있어. 자기 자신을 때리고 나쁜 말을 하지 않기로 약속하자"

주이와 약속을 하고 엄마와 다시 통화를 했다. 엄마 역시 주이에게 그런 일이 있었는지 몰랐다. 엄마는 평소와 다른 행동을 하는 주이를 보고 걱정이 많았다. 주이 엄마와 나는 대화를 나눈 이후에도 주이의 행동을 더 많이 격려하기 위해 노력했다. 다행인 것은 주이를 격려하고 응원하자 스스로 자책하던 나쁜 행동이 눈에 띄게 좋아졌다는 것이다.

주이는 평소에 자존감 형성이 잘 되어 있었다. 자존감이 높았기 때문에 힘든 일이 있었지만 스스로 잘 이겨낼 수 있었다. 자신을 사랑하는 마음과 믿음이 있었기 때문에 극복할 수 있었던 것이다.

아이의 행동이 갑자기 변하는 데는 분명 이유가 있다. 이유를 알아보는 과정에서 아이에게 다그치고 보채는 순간 아이는 마음의 문을 완전히 닫을 수 있다. 천천히 자신의 생각을 말하길 기다린 후 아이의 감정을 이해해주고 해결책을 제시해주는 것이 좋다. 아이들의 생각은 아직 미성숙하고 완전하지 못하다. 때문에 다른 사람의 말 한마디에 쉽게 상처받고 좌절할 수 있다. 하지만 중요한 것은 힘든 일이 닥쳐도 이겨 낼 수 있느냐, 없느냐의 차이라는 것이다. 아이의 문제행동을 해결하기 위해서는 엄마가 자신을 믿어주고 사랑받고 있다고 느끼는 것만큼 좋은 해결책은 없다는 것을 기억해야한다.

아이를 사랑하는 만큼 최고의 교육은 없다. 아이에게 사랑한다 말을 많이 하고, 많이 안아주자. 사랑을 많이 받지 못한 아이는 자존감이 낮을 수밖에 없다. 사랑을 많이 받지 못한 아이는 사랑하는 방법을 모르기 때문에 타인을 배려하고 사랑하는 방법을 모른다. 엄마에게 사랑을 많이 받은 아이가 자신을 사랑하는 마음과 남을 사랑하는 마음을 배워서 힘든 일이 닥쳐도 이겨낼 수 있다.

자신감이 낮아서 경험하는 일마다 힘든 일의 연속이었지만 엄마의 사랑으로 잘 극복하는 아이도 있었다. 극복하기 전에는 자심감이 없어서 모르는 것이 있어도 도움을 구하지 못하고 울고 있는 경우가 많았다. 친구들과 놀고 싶어도 친구가 자신을 싫어할 수도 있다는 생각에 먼저 놀자고 말하지 못했다. 다른 친구가 먼저 놀자고 말하길 기다리거나 같이 놀고 있는 친구들을 멀리서 바라보기만 하는 것이다. 친구와 놀다가 친구가 자신을 불편하게 해도 싫다는 표현도 하지 못했다. 화장실에 가고 싶어도 친구가 먼저 가는 것을 확인하고 나서야 자신도 화장실에 가고 싶다고 말했다.

엄마는 자신감 없는 아이를 항상 걱정했다. 집에서는 당당하게 행동하고 큰 소리를 잘 치지만 밖에 나가는 경우 소심해지기 때문이다. 엄마는 아이에게 항상 자신의 의사를 당당하게 표현하는 것을 가르친다. 친구에게 같이 놀고 싶다고 먼저 용기 있게 다가가는 법을 가르치고 선생님에게 하고 싶은 말을 하더라도 혼나지 않는다고 말해주는 것이다. 처음 경험하는 것이 있는 경우 더 조심스러워지는 아이에게 항상 자신감을 가지라고 말해준다. 엄마는 아이에게 자신의 생각을 억지로 발표하는 것보다 먼저 자신의 욕구를 해결하는 방법을 가르치는 것에 집중한다. 또한 선생님에게도 아이가 말을 꺼내기 어려워 할 수 있으니 괜찮다고 보듬어주길 미리 말해준다.

용기 있게 표현하는 것을 응원하고 격려하는 엄마 덕분에 아이는 점점 당당해지는 법을 배운다. 하루아침에 변하지는 않지만 아이는 분명하게 조금씩 바뀌고 있었다. 어느 날은 친구에게 먼저 다가가서 놀자고 용기 있게 말한다. 또한 선생님에게도 싫어하는 음식이 있어서 먹지 못했다고 겁내지 않고 말한다. 점차 자신에게 불편한 것이 있으면 억지로 참기 보다는 표현하기 위해 노력하는 것이다. 나 또한 아이가 어려워하는 일이 있을 땐 도와주고 스스로 하는 일에는 잘하고 있다는 말로 아이를 응원한다. 만약 아이가 용기 있게 표현 한다면 아이를 칭찬 해준다. 말해줘서 고맙다고 말하거나 다음에도 그렇게 말해주면 된다고 격려하는 것이다. 아이의 마음을 배려하는 말 한마디로 아이는 긴장을 풀고 자신감을 가지기 위한 노력을 할 수 있게 된다.

자신감이 부족해서 힘든 아이들이 있을 것이다.《북경대 품성학 강의》의 저자 장샤오헝은 자신감이 부족한 이유는 자신의 능력을 스스로 의심하고 자신을 믿지 못하기 때문이라고 말했다. 또한 이러한 사람은 다른 사람이 아무 생각 없이 내뱉은 말에 휩쓸려서 전혀 엉뚱한 길러 빠지기도 한다고 한다. 이 세상에서 자기 수준과 능력을 가장 잘 아는 사람은 자기 자신이다. 때문에 스스로 자신감을 가지고 행동할 수 있는 능력이 중요하다.

누구나 살면서 힘든 일이 일어난다. 하지만 힘든 일을 어떻게 견뎌 낼 수 있느냐는 자존감에 달려있다. 그 힘든 일을 씩씩하게 이겨내고 훌훌 털어 낼 수 있는 사람은 자존감이 높은 사람이다. 자존감이 낮은 사람은 힘든 일이 생기면 계속 좋지 않은 방향으로만 생각하게 된다.

부모의 믿음으로 힘든 일이 닥쳐도 이겨 내는 자존감 높은 아이로 키워야 한다.

안정적인 애착을 형성하기 – 다양한 상호작용 법

★아이와 눈 맞추고 이야기하기

★활동을 가르치기 보다는 밀접한 상호작용에 집중하기

★아이 스스로 무언가를 했을 때 순간을 놓치지 않고 칭찬하기

★자주 대화를 나누고 아이의 요구에 반응하기

04
배려하고 양보할 줄 안다

축구시합이 끝난 후에 선수들은 게임의 승패에 관계없이 서로의 유니폼을 교환해서 입는다. 또는 같은 시험을 보는 학생들이 서로 시험범위를 공유하고 모르는 것을 도와준다.

아이들은 자라면서 점점 경쟁사회 구도 속으로 들어가고 있다. 그 가운데서 부모는 아이에게 배려와 양보를 가르치는 것에 망설임을 느끼기도 한다. 배려와 양보로 인해 아이가 뒤처지는 것을 걱정한다. 손해가 생기거나 자신의 나쁜 감정을 분출하지 못할까봐 걱정하는 것이다. 그러나 축구경기와 시험 보는 아이들의 예에서 보이듯이, 경쟁 속에서도 배려하는 모습은 항상 아름답다. 중요한 것은 경쟁을 통한 배려로 더 크게 성장하는 것이다. 진정한 경쟁에서 사람에 대한 배려와 양보를 배울 수 있다.

배려는 다른 사람을 도와주고 보살펴주는 것을 의미한다. 배려와 양보하는 마음을 통해 아이는 타인에 대한 이해를 배우고 새로운 친구와 관계를 맺는 것에도 능숙하게 해낼 수 있다.

만 3세 아이들과 지낼 때 반에 또래 친구들 보다 발달이 느린 아이가 있었다. 이름은 민준이다. 나는 민준이의 짝꿍을 정할 때 발달이 느린 것을 참고해서 정했다. 나는 또래 친구들보다 키가 크고 학습 능력이 좋은 동규를 민준이의 짝궁으로 정해주었다.

하루는 반 아이들을 데리고 체험활동을 하러 나섰다. 아이들과 밖에서 이동할 때는 짝꿍과 손을 잡고 이동한다. 민준이와 동규도 손을 잡고 줄을 맞춰 이동했다. 민준이는 발달이 느리기 때문에 선생님의 말에 집중하고 따라 오는 것을 힘들어 한다. 특히 밖에서 활동할 때는 호기심이 많아서 선생님이 불러도 못 듣는 경우가 많았다. 그날도 반 친구들과 박물관에서 여러 가지 신기한 것을 구경하고 체험하며 이동하는 시간을 가졌다. 그러던 중, 민준이가 호기심을 참지 못하고 구경하는 사이에 반 친구들과의 거리가 점점 멀어졌다. 민준이 짝꿍 동규도 체험활동에 집중하느라 잠시 민준이와 손을 놓고 있었다.

선생님이 앞에서 친구들과 이동할 시간이라고 짝꿍 손을 잡으라고 말했다. 일등으로 서 있던 동규는 멀리 떨어져 있던 민준이를 찾아 손을 잡고 다시 뒤에 가서 줄을 섰다. 혹시나 자기가 민준이를 놓치고 갈까봐 손을 꼭 잡고 챙겼다. 이후에도 체험학습을 할 때면 동규는 묵묵하고 듬직하게 민준이를 챙겼다. 민준이가 뒤처지거나 다른 것에 관심을 가지느라 친구들을 놓칠까 챙기고 배려해주는 것이다.

배려하고 양보하는 마음은 상대방을 생각하는 마음에서 나온다. 상대방의 이야기를 잘 듣고 필요한 것이 무엇인지 알고 있어야 도움이 필요할 때 바로 반응할 수 있는 것이다. 동규는 평소 일등 하는 것과 잘하는 것을 좋아하는 아이다. 때문에 교실에서는 항상 일등으로 줄서고, 빨리 빨리 행동한다. 하지만 민준이와 손을 잡고 이동하는 순간에는 잘하는 것에 신경 쓰지 않는다. 민준이를 챙기고 배려하는 것에 집중한다. 평소에도 동규는 일등 하거나 잘하는 것을 좋아하지만 친구들에게 배려하고 양보하는 순간에는 그런 것에 신경 쓰지 않는다. 동규 말고도 자존감이 잘 형성되어 있는 아이는 친구들을 배려하고 양보할 줄 알기 때문에 친구와의 관계를 잘 형성한다.

사람들 중에는 자신이 배려하는 것에는 인색하고 타인의 배려를 바라기만 하는 사람이 있다. 하지만 어떤 사람도 타인을 배려하고 양보하는 것을 강요받아야 하는 이유는 없다. 타인의 배려와 양보에는 감사한 마음을 느껴야한다. 평소 타인에게 배려와 양보를 바라는 사람이 있다면 낮은 자존감을 의심해 봐야한다.

아이들 중에도 항상 다른 친구의 배려를 바라고 있는 아이가 있었다. 친구가 재밌게 가지고 놀고 있는 장난감을 보고 자신이 갖고 놀고 싶다고 뺏거나, 놀이할 때 친구가 하고 싶은 것을 못하게 하고 친구가 자신에게 모두 맞춰 주기를 바라는 것이다.

배려와 양보가 부족한 아이는 결국 따돌림을 당해서 상처를 받거나 새로운 친구를 만나도 친해지는데 두려움을 느끼게 된다. 부모는 아이의 제멋대로인 모습을 고쳐주고 싶어 한다. 하지만 제대로 된 방법을 모르는 부모는 아이를 타이르고 다그친다. 타이르고 다그치다 안 되면 야단치고, 꾸중한다. 결국 아이는 더 제멋대로 행동하고 부모는 계속 야단치는 악순환을 반복한다.

배려하고 양보 할 줄 아는 자존감 높은 아이로 키우기 위해서는 부모의 역할이 중요하다. 아이의 인성은 하루아침에 길러지는 것이 아니기 때문에 아이가 어렸을 때부터 꾸준하게 보듬어 주는 것이 중요하다.

아이는 부모의 모습을 보고 보고 자란다. 일상에서도 아빠와 엄마가 서로 존중하는 모습을 보여주고, 타인을 배려하고 양보하는 모습을 보여준다면 아이도 그 모습을 보고 배우는 것이다. 부모의 생각과 의견이 달라도 서로를 인정하고 존중하는 모습에서 아이도 타인과 자신의 생각이 다를 수 있음을 알고 서로의 의견을 존중해야 하는 것을 배운다.

《아이에게 NO라고 말할 용기》의 저자 펑쥐셴은 부모가 아이 앞에서 시범을 보이고 가르치는 모든 노력들은 결코 헛수고가 아니라고 말한다. 부모가 본보기로 보여준 것들이 스캐너처럼 하나하나

쌓이면서 서서히 아이의 행동으로 나타나게 된다는 것이다. 때문에 아이를 위한 부모의 꾸준한 시범과 당부가 중요하다는 것이다. 배려하고 소통하는 아이를 키우기 위해 부모가 아이 앞에서 꾸준하게 행동으로 보여준다면 아이도 어느 날 문득 달라질 것이다.

친구의 장난감을 자주 뺏는 아이에게는 부모와의 놀이를 통해 장난감을 사이좋게 가지고 노는 연습을 해야 한다. 연습을 통해 배려와 양보를 배운 아이가 친구의 장난감을 뺏지 않거나 강요하지 않는다면 아이를 칭찬하는 것도 잊지 않아야 한다. 행동에 대한 구체적인 칭찬으로 부모가 먼저 아이를 존중하고 배려하는 마음을 보여줘야 한다.

아이와 대화를 나눌 때는 아이가 하는 말을 중간에 끊지 않고 다 들어준 후에 말을 해야 한다. 그리고 "어린이집에서 그런 일이 있었구나", "그런 일이 있어 너무 재미있었겠구나"라는 말을 통해 아이의 말을 경청하고 공감하고 있다는 것을 표현해줘야 한다. 아이가 한 말을 그대로 따라 하기만 해도 엄마가 자신의 말을 잘 들어주고 있다는 느낌을 받는다. 대화를 통해 엄마와 아이는 서로의 마음을 알고 자존감이 자란다.

배려하고 양보하는 아이는 고마운 마음을 표현할 줄 안다. 엄마는 "엄마의 일을 도와주어서 고마워", "엄마와의 약속을 잘 지켜줘서 고마워"라는 도덕적 행동에 대한 고마운 마음을 표현하고 칭찬하자. 아이의 행동에서 바람직한 행동은 칭찬하되, 바르지 않은 행동이나 고쳐야 할 행동이 있을 때는 아이가 행동을 수정할 수 있도록 기회를 줘야 한다. 차근차근 다시 하거나, 잘 할 수 있다고 격려해주는 것이다. 이때 엄마가 다그치지 않고 기다려 주는 것이 중요하다.

바바 하리다스의 이야기 중에 이런 것이 있다. 앞을 못 보는 사람이 밤중에 한 손에 등불을 들고 머리에는 물동이를 이고 길을 걷자 그와 마주친 사람이 그에게 묻는다.

"정말 어리석군요. 앞도 못 보는 주제에 등불은 왜 들고 다닙니까?"

"당신이 나와 부딪히지 않게 하는 것입니다. 이 등불은 나를 위한 것이 아니라 당신을 위한 것입니다."

자신이 아닌 남을 위한 등불을 켜는 사람은 타인을 배려하는 마음이 있기 때문이다. 내 아이가 다른 사람을 위한 등불을 켤 줄 아는 아이로 자라고 있는지 생각해보라. 아이가 자라서 타인과 긍정적인 상호작용을 하고 배려 깊은 아이가 되기 위해서는 자존감을 높여야한다.

피아제의 도덕성 발달 과정(옳고 그릇 것을 구별하는 능력이 자라는 시기)

★5-7세는 타율적 도덕성을 획득하는 시기이다. 이 시기의 아이들에게 규칙 은 절대적인 것이기 때문에 결과가 나쁜 이유는 행동이 나쁘기 때문이라고 여긴다. 행동의 과정보다 결과를 중시한다.

★7-10세 아이들은 친구와의 규칙적응을 중요시한다. 타율적 도덕성과 자율적 도덕성이 상호 보완하며 과도기를 이룬다.

★10세 이후에는 도덕성을 자율적으로 받아들이는 것이 가능하다. 모든 사람이 동의한다면 변화될 수 있다고 생각한다.

05
공감하고 소통할 줄 안다

우는 흉내를 내며 장난을 치면 따라 우는 아이들이 있다. 예를 들어, 시연이라는 아이가 지나가다가 모르고 발을 밟으면 나는 발을 움켜쥐고 아픈 연기를 한다. 선생님이 아파하는 모습에 시연이는 당황하고 미안함에 어쩔 줄을 몰라 한다. 시연이가 어쩔줄 몰라 하는 이유는 다른 사람이 울거나 아파하는 모습을 보고 그 감정을 공감하기 때문이다. 그러면 나는 시연이에게 "선생님의 발이 아플까봐 걱정했구나. 선생님은 이제 괜찮아."라고 시연이의 감정을 공감하고 위로한다.

시연이가 이렇게 선생님이 울고 있는 모습을 보고 공감하고 따라 우는 이유는 왜일까? 시연이는 평소에도 선생님의 마음을 이해하고 공감해주는 능력이 뛰어나다. 선생님이 힘들다고 말하는 경우 조용히 와서 선생님을 안아준다. 친구들과 재미있게 놀다가도 다가와서 "선생님 사랑해요"라고 말하고 간다. 친구가 우는 모습을 보면 친구를 안아주며 마음을 위로한다.

아이가 자라면서 공감하고 소통하는 능력은 매우 중요하다. 공감하는 능력이 있는 아이는 다른 사람의 말에 귀를 기울이고 소통한다. 이러한 능력은 대인관계가 중요한 사회생활에서도 좋은 효과를 얻는다. 구성원 간에 생기는 갈등을 해결하고 발전할 수 있는 방향과 에너지를 제공할 수 있다. 리더에게 필요한 중요한 덕목이 생기는 것이다.

반면에 효진이는 평소 공감과 소통이 부족한 아이였다. 친구가 가지고 놀던 장난감을 그냥 뺏거나 망가트리는 것이다. 친구와 잘 놀다가도 마음대로 안 되면 친구를 때리는 일이 비일비재하다. 그러다보니 친구들도 점점 효진이와 노는 것을 피한다. 효진이는 선생님에게 친구들이 자신과 놀아주지 않는다고 이르고 친구들은 효진이가 때려서 놀고 싶지 않다고 말한다.

효진이처럼 공감능력이 부족한 아이를 흔히 이기적인 아이라고 부르게 된다. 이기적이고 폭력적인 아이로 키우지 않기 위해서는 효진이의 공감능력과 자존감을 높여주는 것이 중요하다.

나는 효진이가 친구를 때린 경우 다그치거나 비난하지 않고 효진이의 입장을 들어보는 것으로 시작한다.

"효진이가 속상해서 친구를 때렸나 보구나."

그 다음 친구를 때린 이유에 대해서 효진이의 말을 자르지 않고 끝까지 들어본다. 중간에 효진이의 말에서 잘못된 행동이나 실수가 있어도 모든 상황에 대해 객관적인 판단을 하기 위해 자르지 않고 듣는 것이 중요하다. 설명이 끝난 다음에는 이렇게 말하며 효진이의 입장을 공감하고 이해하고 있다는 것을 표현한다.

"친구가 효진이의 말을 안 들어 줘서 속상해서 친구를 때렸구나. 선생님도 친구가 선생님 말을 안 들어 줄 땐 정말 속상한 마음이 들더라."

하지만 이후에는 친구를 때리는 것보다 더 나은 행동지침을 알려주는 것이 중요하다. 친구의 마음을 공감하게 하고 서로를 위하는 행동에 대한 방법을 알려주는 것이다.

"화가 난 효진이의 마음이 이해가 가. 하지만 효진이가 친구를 때렸을 때 친구의 마음은 어땠을까? 친구도 효진이와 똑같이 속상 했을 거야. 친구를 때리지 말고 친구에게 내 말을 잘 들어 달라고 다시 말해보자"라고 말하며 다음 상황에서 어떻게 해야 좋을지 해결책을 제시하는 것이다. 친구를 때린 아이에게 속상한 친구의 마음을 직접 달래주는 것이 좋다. 아이가 자신의 잘못과 다른 사람의 마음을 직접 생각해 볼 수 있는 시간을 갖기 때문이다.

하지만 친구를 자주 때리는 아이에게 훈육을 할 때마다 공감하고 이해하는 시간을 주는 것으로 효과가 나지 않을 수 있다. 때문에 나는 이런 일이 자주 발생하는 아이의 경우에는 잘못에 대해 생각할 시간을 주는 것과 함께 간단한 벌을 주기도 한다. 친구들과 사이좋게 놀 수 있는 마음이 들 수 있을 때까지 잠시 놀이를 금지시키는 것이다. 스스로 친구들과 사이좋게 놀 수 있다는 약속을 받아낸 후 놀이시킨다. 만약 또다시 친구와 싸우는 경우 생각할 시간을 주지 않고 놀이를 금지할 것이라는 약속을 하는 것으로 자신의 말에 대한 책임감을 가지게 한다.

효진이의 공감능력을 키우기 위해서는 이러한 생각의 훈련이 반복적으로 이루어져야 한다. 역할놀이나 관련동화를 읽고 다른 사람의 입장을 생각하는 훈련을 하는 것도 좋은 방법이다. 그리고 효진이에게 친구가 놀아주지 않는 상황이 다시 왔을 때 어떻게 대처하는지를 관찰하고 싸움이 일어나기 전에 그 자리에서 교정하는 것도 좋다.

공감하고 소통하는 능력이 뛰어난 아이가 있는 반면 부족한 아이도 있다. 타인의 감정을 헤아리지 못하고 다른 사람의 존재나 인격의 소중함을 모르는 것이다. 다른 사람에게 공감능력이 부족한 아이는 자신의 소중함 또한 깨닫지 못할 수도 있다. 자신을 사랑하지 못하고 다른 사람의 마음을 공감하지 못하는 아이는 자라서도 타인과의 관계에서 쉽게 트러블이 생기게 된다. 결국 건강한 인간관계를 맺지 못하고 대인관계에서 소외감을 느끼는 어른으로 자라는 것이다.

부족한 공감능력을 향상시켜주는 방법은 어떤 것이 있을까? 부모는 아이의 거울이라고 한다. 부모와 아이의 올바른 공감과 소통을 할 때 아이의 공감능력이 올라갈 수 있다. 예를 들어, 아이가 엄마에게 별이 왜 반짝이는지 물어본다. 청소기를 돌리고 있던 엄마는 아이를 쳐다보지 않고 "글쎄, 좀 비켜줄래?"라고 대답한다. 엄마의 대답을 듣고 아이는 방으로 들어가 문을 닫는다.

아이는 왜 엄마의 대답을 듣고 그냥 방으로 들어가 버렸을까? 엄마는 아이의 물음에 대답을 했지만 아이는 더 이상 대화를 이어나가고 싶은 마음이 사라졌다. 엄마의 태도에서 엄마가 자신의 이야기에 흥미가 없다는 것을 아이도 느끼는 것이다. 아이와 대화할 때 겉으로만 경청하고 공감하는 척 한다면 아이도 엄마의 마음을 느끼게 된다. 의도하지 않았더라도 아이가 대화를 나누고 싶어 할 때 무심하게 대하는 것은 아이의 자존감을 손상시키는 일이다. 이러한 태도가 지속되면 아이는 부모에게 실망감을 느끼며 결국 마음의 문을 닫게 된다.

《정신분석이란 무엇인가》의 저자 칼 구스타프융은 제자 엠마 푸르스트박사의 연상실험에서 부모와 자식의 심리적 성향이 아주 비슷하다는 점을 발견했다고 말했다. 즉 어떤 상황에 대해 가족 구성원이 받아들이는 반응유형이 비슷하다는 것이다. 이는 부모에 대한 자식의 치열한 모방 또는 동일시로 설명되기 때문이다. 때문에 아이의 공감능력을 키워주기 위해서는 부모의 공감능력이 중요하다. 아이와 대화를 할 때 엄마는 아이의 마음에 집중하고 진심으로 이해하고 공감하는 태도를 보여줘야 한다. 아이를 존중하는 마음으로 소통하고 '너의 말은 소중해'라는 느낌을 주는 것이다.

공감과 소통은 아이가 발달하고 학습하는 동안 긍정적 영향을 주는 것이 가능하다. 경청을 잘하는 아이는 자기 표현력이 높다. 경청을 잘 하는 아이로 키우기 위해서는 아이가 의사를 표현했을 때 부모가 적극적으로 들어주는 것이 중요하다. 자신의 생각과 말이 긍정적인 영향을 주고 있다고 느끼는 것으로 아이는 표현하려는 욕구가 높아지게 된다. 부모의 표현으로 자존감을 높이고 공감하고 소통하는 아이로 자라게 하자.

협동적인 친사회적 행동능력을 높이는TIP

★다른 사람 돕는 경험과 성인과 자신 구별하고 다른 사람의 권리 존중하는 것으로 협동적인 친사회적 행동 능력을 높인다.

★다른 사람과 긍정적으로 상호작용을 하고 타인과 협동 작업을 통해 과업을 완수하는 것은 아이의 협동능력을 키운다.

06
쉽게 포기하지 않는 끈기가 있다

나는 끈기 있고 꼼꼼한 아이를 떠올리면 6살 연경이가 생각난다. 연경이는 색칠하기 한 번을 해도 여러 가지 색을 사용해서 꼼꼼하게 표현한다. 다소 복잡한 색칠하기가 주어져도 조금도 대충하지 않는다. 빨리 끝내고 싶은 친구들이 대충하고 자신이 하고 싶은 놀이를 해도 연경이는 포기 하지 않는다. 자신의 일을 끝까지 해내고 나서야 하고 싶은 놀이를 한다.

연경이는 색칠하기뿐만 아니라 어떤 일이 주어져도 열심히 한다. 만들기를 하거나 글씨를 적는 경우에도 집중해서 꼼꼼하게 끝까지 해낸다. 하루는 다른 친구들은 만들기를 끝내고 노는 와중에 연경이는 오래 걸려도 가장 늦게까지 완성하고 있었다. 나는 연경이가 만들기를 끝내고 가져왔을 때 힘들지 않았는지 묻는다. 연경이가 웃으면서 괜찮았다고 대답하면 항상 포기하지 않고 끝까지 해내는 연경이가 멋지다고 말해준다.

쉽게 포기 하지 않는 끈기를 가진 아이는 자라서도 살아가는데 큰 힘이 된다. 작은 일, 큰 일 가리지 않고 끝까지 최선을 다할 수 있다. 용기가 있으며 자신이 하고 싶은 일에 거침없이 도전한다. 실패해도 포기 하지 않고 성공하는 것을 통해 자존감이 높아지는 것이다. 일을 하다 결과가 나오지 않으면 지치고 포기하고 싶은 마음이 들 것이다. 그럴 때 끈기가 있는 사람은 이겨 낼 수 있다. 더 큰 성공이 오는 것을 아는 사람이 포기 하지 않고 이겨내는 것이다. 연경이 역시 조금씩 끈기를 더해 갈수록 포기하지 않는 마음과 끈기는 더욱 단단해질 것이다. 내 아이가 자라서 포기하지 않는 끈기 있는 어른이 되길 바란다면 자존감을 높여주어야 한다.

연경이가 어떤 일이든 포기하지 않고 끈기 있게 해 낼 수 있었던 이유는 엄마의 믿음이 있었기 때문이다. 연경이가 하고 싶은 일이 있으면 경험하게 하고 잘 할 수 있도록 응원하는 것이다. 중요한 것은 포기하지 않고 노력하고 있는 자신을 믿는 것이다.

아이들이 어떤 일을 끝까지 해낸다는 것은 쉬운 일이 아니다. 끈기가 부족한 아이들도 있다. 자기주도적인 아이, 집중력이 강한 아이, 긍정적인 성격의 아이들이 성취도와 자존감이 높다는 것은 누구나 알고 있는 말이다. 하지만 실제로 그러한 성격을 가지도록 키우는 것은 어렵게 느낀다.

연경이와 다르게 끈기가 없는 아이들은 쉽게 포기하고 싶은 마음을 보인다. 똑같은 색칠하기를 해도 양이 많고 친구들이 놀고 있는 모습을 보면 쉽게 그만하고 싶다고 말한다. 선생님이 끝까지 포기하지 말고 해보는 게 어떤지 물어봐도 이미 포기하겠다고 마음먹은 것을 돌리기는 쉽지 않다. 억지로 하는 아이들 중에는 대충 칠하거나 한가지색으로 빨리 색칠하고 끝내버리는 것이 대부분이다.

'우리 아이는 한 가지를 진득하게 하지 않고 쉽게 포기해요. 끈기 없는 아이로 자랄까봐 걱정 되요'

어떤 아이와 엄마와 전화 통화를 하는데 이런 고민이 있다고 말하는 것이다. 아이에게 다양한 것을 경험하게 해주고 싶었던 엄마는 아이에게 블록을 배울 수 있는 학원을 등록해줬다. 하지만 아이는 평소에 블록을 가지고 놀며 만지는 것은 좋아하지만 앉은 자리에서 선생님의 설명을 들으며 완수하는 데에 어려움을 보였다.

이처럼 내 아이의 엉덩이가 가볍고 쉽게 다른 것에 눈을 돌리는 것에 걱정하는 엄마들이 많았다. 쉽게 포기하지 않는 끈기 있는 아이로 키우기 위한 방법은 어떤 것이 있을까? 끈기 역시 아이의 바른 습관 중 하나다. 쉽게 포기하는 아이는 쉽게 포기하는 습관이 만들어졌기 때문이다.

끈기와 집중력을 키우는 방법은 아이를 격려하는 것이다. 공부를 잘하는 아이들은 자신이 이루고 싶은 강력한 동기와 목표가 있다. 아이를 격려하고 동기부여를 해준다면 이루고 싶은 목표를 위해 끈기 있게 도전 할 것이다. 특히 아이가 스스로 이루고 싶은 동기를 찾는 것만큼 강력한 것은 없다.

예를 들어, 재롱발표회가 다가오는 날이면 아이들은 선생님과 함께 발표회 연습을 하게 된다. 춤추는 것을 즐기고 좋아하는 아이들이 있는 반면, 쑥스러워 하는 아이들도 있다. 발표회를 준비하는 선생님이나 자신의 아이를 지켜보는 엄마들은 내 아이가 씩씩하게 잘했으면 하는 바람이 크다. 때문에 엄마들은 내 아이에게 동기를 부여해주기 위해 발표회에 대한 보상을 제공해주겠다는 제안을 하게 된다. 발표회에 대한 보상은 주로 아이들이 좋아하는 장난감을 사주는 것이다. 때문에 집중하지 않거나 딴 짓을 하던 아이들이 어느 순간 눈이 빛나고 열심히 하는 모습을 보여준다.

특별한 일이 있을 때 아이의 행동을 강화하고 수고한 아이들에게 보상을 주는 것은 좋은 생각이라고 생각한다. 어른들 또한 열심히 일한 후나 특별한 일이 있을 때면 수고한 자신을 위해서 선물을 하는 등의 보상을 주는 경우가 많다. 아이들도 마찬가지다. 행동에 대한 보상을 통해 아이들은 주어진 일에 열심히 하기 위해 노력할 것이다. 보상을 통해 아이들은 행사에 대한 더 큰 기대감을 가지게 되기도 하는 것이다. 지나치게 자주 이루어지는 보상은 수동적인 아이로 만들지만 가끔 특별한 날에 주어지는 보상은 아이들에게 기대감을 주는 것이 가능하다는 것이다.

끈기를 길러주는 다른 방법은 계획적인 생활을 하는 습관을 길러주는 것으로도 가능하다. 아이가 자신의 하루계획을 알 수 있도록 미리 말해주는 것이다. 예를 들어, 한글 공부를 하는 아이에게 한글 공부가 끝난 후에 다음은 어떤 것을 할 것인지에 대한 계획을 아이와 미리 상의 하는 것이다. 놀이터에 가서 놀기로 한다던지, 장난감을 가지고 노는 시간을 가진다던지 미리 이야기를 나누는 것이다. 예상되는 하루에서 아이는 책임감을 가지고 끝까지 해낼 수 있는 용기가 생길 수 있다. 또한 보상이라는 것이 반드시 장남감이나 물질이 되지 않아도 된다는 것을 기억해야한다.

나는 아이들과 하루 일과를 보내기 전에 모여 앉아서 오늘 어떤 활동을 하는 날인지 미리 이야기를 나눈다. 활동에 대한 간략한 설명과 어떤 것에 대해 미리 듣는 것으로 아이들은 활동에 대해 더 큰 기대감을 가질 수 있다. 또한 활동에 대해 미리 고민하는 것이 가능하기 때문에 더 좋은 결과를 이끌어 낼 수도 있는 것이다.

끈기가 없는 아이에게는 끈기를 방해하는 원인을 찾아 없애고 집중하는 환경을 만들어줘야 한다. 어수선한 공간이나 산만한 주변 환경으로 인해 아이의 끈기를 기르는 중요한 시기를 놓치고 있는 것은 아닌지 살펴봐야 한다.

원인을 찾아내고 제거한 후에는 아이가 집중할 수 있는 놀이를 통해 끈기를 길러주는 것이 중요하다. 아이는 평소 흥미 있어 하는 놀이를 즐기면서 끈기를 키우게 된다. 퍼즐, 블록 쌓기, 역할놀이, 색칠놀이 등 아이가 좋아하는 놀이에 집중하는 시간을 주는 것이다. 아이는 성공적인 놀이를 위해 관찰하고 집중하게 된다. 놀이를 통해 끈기를 기르는 것이 아이의 자존감을 키우는 최고의 방법인 것이다.

《아이는 성공하기 위해 태어난다》의 저자 뮤리엘 제임스 · 도로시 종그워드는 아이들은 놀이를 하며 자아정체감을 얻는다고 말했다. 놀이를 자주 경험하지 못하면 유아의 신체기능이나 협동심, 경쟁심, 창의성이 발달되지 못한다는 것이다. 끈기를 위해서도 자아정체감을 발달시키기 위해서도 놀이는 아이에게 있어 아주 중요하게 여겨진다.

끈기를 키우기 위해서는 그 기운을 북돋아 주는 것이 중요하다. 특히 어린아이의 기운을 북돋아 주는 것은 엄마의 역할이 중요하다.

끈기 있는 아이는 자신의 강점을 알고 있으며 목적의식도 강하다. 정신적으로 도전할 준비가 된 아이는 자신감이 넘친다. 집중력이 높은 아이가 목적을 성취하는 능력도 높다. 긍정의 힘을 가진 아이, 자기주도적인 아이, 정신력이 강한 아이는 자존감이 높다.

인지발달을 위한 학습에 대한 적극적 태도를 발달시키는 TIP

★ 일상 생활에서 다양한 발견과 모험을 경험하기

★ 학습활동에 성공경험 쌓기

★ 실수해도 포기하지 않고 계속하기

07
새로운 것을 시도하는 것을 좋아한다

궁금한 것이 많은 아이들은 한 가지를 경험해도 다양한 시점에서 "왜요?"라는 질문을 많이 한다. 하지만 아직 어린 아이들에게 너무 구구절절하게 설명해도 아이가 이해하기에는 어려울 수 있다.

예를 들어, 어떤 아이가 나에게 "돋보기는 왜 이상하게 보여요?"라고 질문 한 적이 있었다. 그럴 때 나는 아이에게 볼록렌즈나 오목렌즈 등을 이야기하며 아이에게 과학적인 어려운 얘기를 하지 않는다. 예쁜 꽃을 자세하게 보기 위해서, 귀여운 너의 눈을 크게 관찰하게 위해서라고 말하는 것이다. 그런 후에는 아이와 함께 돋보기를 들고 교실 구석구석을 관찰하거나 서로의 얼굴이나 신체부위를 관찰하며 노는 것이다. 간단한 돋보기에 대한 질문이지만 돋보기에 대해 쉽게 이해할 수 있고 공부하는 것뿐만 아니라 놀이도 가능하다는 것을 알려 줄 수 있다.

질문에 대한 중요성에 대해《리더는 질문으로 승부한다》의 저자 로널드 그로스는 이렇게 말한다. 대화 전문가로서의 첫 단계는 '친근하게 질문을 유도'하는 데서부터 비롯된다고 한다. 질문이 사고력을 증대시키므로 지도자는 자부심을 가지고 문제의 해결책을 제시하며 대중을 이끌 수 있다고 말한다.

그렇다면 이렇게 중요한 질문을 하는 아이들에게 상상력과 창의력을 키워줄 수 있는 대답은 어떻게 하면 좋을까?

첫째, 아이의 지적 수준에 맞게 대답하는 것이다. 엄마는 아이가 어떤 질문을 했을 때는 상황에 따라 질문하는 의도를 파악할 줄 알아야 한다. 단지 엄마와 대화가 하고 싶은 관심표현인지, 정말 궁금해서 하는 질문인지를 파악해야한다. 엄마의 관심과 대화를 원하는 아이에게는 엉뚱한 질문에 맞는 엉뚱한 답변을 해주며 같이 놀이하는 것도 좋다.

예를 들어, 4살 된 아이가 "엄마, 손가락이 왜 열 개예요?"라고 물어본다고 가정해보자. 엄마와 함께 관련 책을 찾으며 우리 몸의 신체 구조에 대해 알아보고 왜 손가락이 열 개 인지 알아보는 것도 좋다. 하지만 이런 질문에는 아이의 얼굴을 감싸 안으며 "우리 지은이와 뽀뽀하기 위해 열 개지~"라고 말하며 뽀뽀하는 엉뚱한 답변은 아이의 상상력을 키워준다. 이 순간 아이에게는 엄마의 사랑을 확인하는 특별한 순간이 되기도 한다.

둘째, 엄마가 모르는 것을 질문해도 당황하지 않고 아이와 함께 찾아보는 시간을 갖는 것이다. "책을 보며 엄마와 함께 찾아볼까?", "엄마와 인터넷으로 검색해 볼까?"라고 말하며 함께 찾는 것이다. 궁금한 것을 찾아가는 과정을 자세하게 설명해주면 다음번에 궁금한 것을 아이 혼자서 찾을 수 있는 자신감을 가진다. 또한 엄마도 모르는 것이 있다는 것을 인정하는 것으로 아이는 친근감을 가질 수 있으며 아이와 함께 찾는 과정을 통해 엄마에게 사랑과 안정감을 느낀다.

나 또한 아이들이 교실에서 궁금한 것에 대해 질문하는 경우가 많았다. 교사를 시작한지 얼마 지나지 않았을 때 아이들이 질문하는 것에 대해 모를 때에는 부끄러워 피한 적도 있었다. 그러나 아이들이 질문한 것에 대해 함께 찾아보는 과정을 가져보니 아이들이 더 흥미 있어 하며 머릿속에도 오래 남는다는 것을 알게 되었다. 새로운 사실을 알게 되는 경우 "와~ 이런 것도 있구나!", "정말 신기하다"라고 아이들 앞에서 말하게 되면 아이들도 선생님에게 신기한 것이 있다는 것에 더욱 관심을 가지게 되기도 한다. "선생님도 처음 알았어요?"라고 말하며 더 친근감을 느끼는 것이다.

또는 아이는 알고 있지만 나는 모르는 경우도 있었다. 예를 들어, 내가 모르는 공룡이름을 맞춘 아이에게 "와~ 선생님은 몰랐는데 이렇게 어려운 공룡이름도 알고 있다니 정말 대단하다. 어떻게 알았을까?"라고 말하는 것으로 아이의 지식을 인정해주고 칭찬해서 자신감을 키워주는 것이다.

셋째, 아이가 엉뚱한 질문을 했을 때는 다시 되물어 보는 것도 좋다. 엄마의 관심을 원하는 질문의 경우 아이에게 다시 묻는 것이다. 아이도 질문에 대해 생각해보고 자신의 의견을 말할 수 있도록 "우리 지은이는 어떻게 생각해?", "지은이는 이런 경우 어떤 생각이 들 것 같니?"라고 질문하면 아이는 자신이 생각했던 것을 신나서 말 할 것이다. 또는 질문에 답하기 위해 다양한 상상력을 펼치고 많은 생각을 할 것이다. 질문하고 생각하는 과정을 통해 아이의 상상력과 창의력이 자란다.

어떤 아이는 나에게 이런 질문을 하기도 했다. "선생님에게도 엄마가 있어요?"라고 묻는 것이다. 나는 이러한 질문을 듣고 당연하다고 생각했던 것들도 아이들에게는 당연하지 않은 것이 될 수 있고 궁금한 것이 될 수 있다는 것을 알게 되었다. 아이에게는 "어떨 거 같니?", "선생님에게도 엄마가 계실까?"라고 질문해서 아이가 생각하고 상상할 수 있는 시간을 줬다. 질문을 들은 아이는 생각하다가 "없을 것 같아요"나 "있을 것 같아요"라고 대답한다. 그 이후에는 선생님에게도 엄마가 있다고 말하며 너희들이 엄마가 보고 싶듯이 선생님도 항상 엄마가 보고 싶고 사랑한다고 대답한다.

넷째, 아이가 질문하면 그 자리에서 즉시 대답을 해주는 것이 좋다. 아이가 호기심을 느낀 순간 그것을 해결해주는 답변을 하는 것이 중요하다. 시간이 흐른 후에는 이미 아이의 호기심이 떨어지고 흥미를 잃은 상태일 수 있다. 아이의 흥미와 호기심을 떨어트리지 않기 위해서는 바로 대답해 주는 것이 현명하다.

새로운 것을 시도하는 것을 좋아하는 아이가 있는 반면 새로운 것을 시도 하는 것에 겁을 내는 아이도 있다.

나는 모자 만들기 수업에서 아이들에게 모자 만드는 방법을 한 단계씩 설명해줬다. 모자를 완성한 후에는 꾸미기 재료를 사용하여 모자를 자유롭게 꾸며보는 시간을 가졌다. 그런데 그때 어떤 아이가 "선생님, 태영이가 또 울어요"라고 말했다. 태영이가 모자를 완성하지 못하고 울고 있자 친구가 선생님을 부르는 것이다.

새로운 것과 익숙하지 않은 것을 배울 때면 태영이는 일단 두려움을 가진다. 만들기를 시작하고 선생님을 따라가는 것이 벅차거나 똑같이 만들지 못하면 태영이는 울음을 터뜨린다. 결국 선생님이 태영이를 달래며 모자 완성하는 것을 도와주고 나서야 울음을 그친다. 이외에도 태영이는 새로운 것을 시도하기를 두려워한다. 때문에 수업중이나 일과 중에 자주 눈물을 보인다. 태영이 엄마는 태영이가 집에서도 "자신 없어요", "못할 것 같아요"라는 말을 자주 한다고 한다.

하지만 매번 그런 것은 아니다. 자신이 좋아하는 일이나 잘하는 일에는 자신 있게 행동하며 적극적인 모습을 보이기도 한다. 매일 있는 급식 도우미 일이나 자신 있는 행동에는 적극적으로 나선다. 때문에 나는 태영이의 자신감을 위해서 하고 싶어 하는 일에는 참여할 수 있도록 기회를 주는 것을 잊지 않는다. 또한 다른 일에도 겁을 먹는 경우에는 괜찮다고 말하며 지금 잘하고 있다고 칭찬한다.

자주 하던 것을 좋아하고 새로운 것을 시도하는 것에 두려움이 있는 아이는 지적받는 것을 싫어한다. 평소에도 무엇이든 잘하고 싶은 욕구가 큰 것이다. 그래서 새로운 것을 시도 할 때는 잘하지 못하거나 지적받을까봐 미리 겁을 먹게 된다.

도전을 두려워하는 아이에게 용기를 주기 위해서는 자신감과 자존감을 키워줘야 한다. 자신감을 가지고 행동하는 아이가 자존감이 높은 경우 실패를 두려워하지 않을 수 있다. 적절한 실패를 경험하며 호기심을 키운 아이들은 새로운 시도를 즐기게 된다. 때문에 새로운 것을 좋아하는 아이로 키우기 위해서는 도전과 실패를 반복하고 좌절을 경험해봐야 한다. 작은 도전과 실패를 경험하는 아이가 더 큰 도전이 와도 '해보자!'라는 마음을 먹을 수 있다. 또한 내가 태영이에게 용기를 주기 위해 도전할 수 있는 기회를 주고 잘 하고 있다는 칭찬을 했던 것처럼 실패해도 괜찮다는 말로 아이의 도전을 응원하는 것도 중요하다.

요즘 아이들은 편한 것을 좋아한다. 조금이라도 귀찮은 일은 하지 않으려고 한다. 그 이유는 부모들이 아이의 문제를 거의 다 해결해주기 때문이다. 아이들에게는 도전정신이 있어야한다. 이 세상에는 어려운 일이나 안 되는 일이 무수히 많다는 것을 알아야한다. 아이가 스스로 노력하고 자신의 힘으로 해결하고 싶다는 적극적인 사고방식을 길러줘야 한다.

새로운 것을 도전해보고 실패와 성공을 경험하게 하자. 엄마는 아이에게 실패하지 않는 방법을 가르치는 것이 아니라 실패해도 무너지지 않는 방법을 가르쳐야 한다. 좌절한다는 것은 정상적인 것이다. 실패 없이 성공한 사람은 없다. 성공이 익숙한 아이가 자라서 실패를 경험하면 그 충격은 배가 된다. 실패로부터 얻는 교훈이 더 큰 성공 가능성을 만든다는 것이다.

자존감이 높은 아이는 새로운 것을 시도하는 것을 두려워하지 않는다는 것을 기억해야 한다.

정서발달을 위한 자아존중감을 경험하는 방법

★가족의 한 구성원으로서 자신의 역할과 능력 확인하기(아이의 능력 안에서 책임감을 가지고 완수 할 수 있는 역할 지어주기)

★경험을 통한 독립심 증진시키기

★자신의 결과물을 남에게 보여주고 자신감 기르기

★자신의 권리와 의사표현으로 스스로를 존중하는 마음 가지기

08
가장 중요한 것은 자존감이다

여성 사회운동가이자 정치가 미국 32대 대통령의 영부인 엘리노어 루즈벨트는 이렇게 말했다.

"당신이 동의하지 않는 한 이 세상 누구도 당신이 열등하다고 느끼게 할 수 없다."

우리 마음에 열등감이 자라는 이유는 자존감이 부족하기 때문이다. 자존감 부족으로 인해 열등감을 느끼고 우울해진다. 나에게도 자존감이 낮아지고 열등감이 생겨 우울증을 경험한 적이 있었다.

내가 어린이집 교사로 일할 때 오빠는 군대를 제대하고 공부를 시작한지 1년 만에 소방관에 합격했다. 처음에는 당연히 오빠가 자랑스러웠지만 얼마지나지 않아 오빠의 공무원 합격 소식은 자존감이 열등감으로 바뀌었다. 나 스스로 나름대로 내 위치에서 열심히 하고 있다고 생각했지만 공무원과 비교한 내가 초라해 보였다. 점점 스스로가 자랑스럽지 못한 딸이라고 생각됐다. 부모님께서 카카오톡 프로필에 오빠 얼굴사진을 올리면 질투가 났다. 그냥 넘어갈 수 있는 일일지도 모르지만 그때는 열등감 때문에 공무원이 된 오빠를 더 사랑해서 카카오톡에 자랑하는 것으로 표현한다고 생각했다. 그럼에도 바뀌지 않는 나의 현실에 더욱 우울해졌다.

오빠를 이기고 싶은 마음은 어릴 때부터 그랬다. 은연중에 항상 오빠에게 경쟁의식을 느꼈던 것이다. 그러던 중에 오빠는 고등학교 때까지 같이 살다가 대학교에 입학하면서 기숙사에 들어가게 되었다. 나는 매일같이 싸우고 스트레스를 주던 오빠가 집에서 나가서 좋았다. 한 번씩 집으로 오기도 했는데 그런 날은 기분이 좋지 않았다. 오빠가 오는 날이면 엄마는 평소에 하지 않던 갖가지 음식을 하고, 옷도 사주며 반겼다. 평소에 집에 있는 나한테는 그렇게 해주지 않으면서 오빠가 오면 달라지는 엄마를 보고 점점 미워졌다. 열등감이 커져서 어떤 때에는 혼자 가족들에게 마음의 문을 닫고 말을 안 한 적도 있었다. 하지만 그런 나에게 아무도 관심이 없다는 생각에 말하지 않는 것에 대한 이유도 말하지 못했다.

열등감은 마음의 병이다. 열등감이 심해지면 우울증이 나타나기도 한다. 열등감을 줄이기 위해서는 자존감을 높여야 한다. 자신을 존중하고 사랑하는 마음을 가져야 한다. 남의 시선에 의식하지 않고 내가 하는 일에 자부심을 가져야한다. 자신의 가치와 부족한 점을 인정하고 사랑해야한다. 남과 나를 비교하는 것으로 나의 장점을 무너뜨리지 않는 것이 중요하다.

《몸에 밴 어린시절》의 저자 W.휴 미실다인은 극도의 불안과 두려움에 사로잡혀 있는 듯이 보이는 이들에게도 때로는 약간의 도움만 받으면 대부분 자신이 겪고 있는 정서적 장애의 원인을 스스로 찾아 낼 수 있다고 말했다. 또한 한탄하거나 불평하거나 자책하기만 해서는 아무런 진전이 없으며 우리의 감정을 고쳐나가고, 자신의 내재과거아를 통해서 현재와 미래에도 대처해나가야 한다고 말한다.

나는 어릴 때부터 가지고 있었던 자존감으로 열등감을 이겨냈다. 오빠는 오빠대로 자신의 길을 갔다고 생각하고 나는 내 자리에서 최선을 다하면 된다고 믿었다. 부족한 점은 인정하고 내 자리에서 최선을 다하면 언젠가 좋은 결과가 있을 거라고 생각했다. 그래서 빠른 시간에 자존감을 찾고 내가 진짜 원하는 길을 향해 갈 수 있었다. 나와 가까운 사람이 공무원이 되고 좋은 직업을 가졌다고 해서 부러워할 필요는 없다는 것이다. 나를 사랑하고 내가 어떤 일을 원하는지를 찾을 수 있다면 그 꿈을 향해 가면 된다. 꿈을 찾을 수 있는 힘은 자존감에서 나온다.

어릴 적부터 작은 이모가 나를 보면 해주는 말이 있었다. "우리 경서가 제일 예쁘다", "이 가시나만 보면 왜 이렇게 좋은지 몰라",

"우리 경서 참 착하고 잘한다" 등등…. 만나면 칭찬하고 예뻐해 주는 이모가 좋았다. 이모의 성격은 발랄하고 통통 튄다. 가식이 없다. 그런 이모가 "예쁘다", "사랑한다" 말해주면 더 믿음이 갔다. 어릴 때는 이모가 나를 예뻐하는 것이 조카이기 때문에 당연한 일이라고 생각했다. 그런데 크면서 그런 칭찬을 듣고 자란 것이 나의 자존감에 영향을 줬다고 생각한다. 내가 어디서든 사랑받을 수 있다는 자신감을 높여 줬던 것이다.

자존감은 가까운 사람이나 다른 사람과의 관계나 경험, 생각에서 형성된다. 때문에 어린 시절부터 부모, 형제, 친척, 선생님 등 가까운 사람들과의 관계가 자존감에 큰 영향을 준다. 가까운 사람들과 긍정적인 피드백을 통해 자신에 대한 믿음을 키워야한다. 다른 사람의 말 한마디로 아이의 자존감을 높이는 좋은 계기를 만들 수 있다.

아이의 자존감을 높이기 위해 프로그램을 참여하는 것도 좋은 방법이다. 아이의 자존감을 높이는 프로그램들은 우리 주변에서 쉽게 찾아 볼 수 있다. 아이가 다니는 어린이집이나 유치원에서 개최하는 부모 참여 수업이나 운동회, 가족캠프 등 다양한 가족 프로그램에 함께 참여하는 것이다. 소풍이나 견학, 체험활동을 통해서도 아이들의 자존감을 키울 수 있다. 어린이집이나 유치원에서 계획한 프로그램은 가족의 사랑을 위한 환경을 제공하기 때문에 아이가 프로그램을 즐기며 자연스럽게 자존감이 높아진다.

어린이집에서는 각종 행사가 시작되기 전후로 아이들과 그 행사에 대한 준비를 한다. 부모님이 어린이집에 와서 같이 참여하는 경우 엄마와 아빠얼굴을 그리거나 편지를 쓰거나 가족사진을 준비하기도 한다. 준비하는 동안 아이들은 가족을 생각하며 가족과 함께 행사에 참여하는 것에 대한 설렘과 기대를 갖게 된다. 행사에 참여하는 동안에도 부모님과 함께 한다는 것에 더 들뜨고 행복해 하는 것을 느낄 수 있다. 또한 그 기억은 좋은 추억이 되고 부모님이 자신을 사랑하고 있다는 믿음을 준다.

지금 자신과 자신의 아이가 자존감이 부족하다고 해서 좌절할 필요 없다. 꾸준하게 자신을 사랑하는 마음을 가지고 자존감을 회복하기 위해 노력하면 된다. 자존감을 높이고자 마음먹고 주변을 둘러보며 자존감을 높이는 환경에 참여해보자. 자존감을 높이는 것도 노력이다. 다이어트를 위해 운동을 하고 식단을 조절하며 살을 빼는 노력을 하듯이 자존감을 높이기 위해 노력하는 태도가 중요하다.

자존감은 어렸을 때부터 단단하고 강하게 키워져야 한다. 어렸을 때부터 단단하게 기른 자존감은 성인이 되어서도 시련에 흔들림 없이 강하게 맞서 싸울 힘이 있다.

자존감이 높은 아이는 어떤 일에도 당당하며 꿈이 있고 자신의 생각과 의견을 자신감 있게 말한다. 쉽게 포기 하지 않는 끈기 있는 아이로 키우고 싶다면 자존감을 키워줘야 한다. 서로의 꿈을 응원하는 행복한 가족은 자존감 높은 환경에서 만들어 진다.

자주 싸우는 형제를 위한 TIP

★일상생활에서 규칙성 있게 생활하고 자신의 차례가 올 대까지 기다리는 법 배우기

★형제간 서열에 맞게 존중하는 태도 길러주기

★서로에게 양보하고 존중하는 태도 칭찬하기

★아이를 일대일로 대할 때는 가장 소중한 존재임을 적극적인 표현으로 전하기

동생이 생겨 불안한 아이의 마음을 달래는 법

★뱃속 아기를 이해할 수 있게 설명하고 익숙해지도록 아이와 지속적으로 대화하기

★동생이 생기는 것을 알려주고 소통하며 함께 대비하기

★동생을 돌보는 일에 첫째가 간단한 것을 도울 수 있도록 개입시키고 칭찬하기

★첫째와 단둘만의 돈독한 시간 경험시켜주기

Chapter 03

아이의 자존감을 높이는 불량육아 8

자존감 높은 아이의 엄마는 이렇게 키운다!

부모교육 코치가 생생하게 보고 듣고 느낀 자존감 높은 아이로 키우는 비결!

01
육아에 정답은 없다

아이를 키우기 시작한 대부분의 엄마들은 내 아이를 어떻게 하면 잘 키울 수 있을까에 집중한다. 고집 센 아이, 말썽피우는 아이, 폭력적인 아이, 소심한 아이를 케어 할 수 있는 방법이나 좋은 인간관계를 맺을 수 있도록 키우는 방법, 외동아이 키우는 방법, 연년생 아이들 잘 키우는 방법, 용기와 사교능력을 키우는 방법 등에 대한 고민을 한다.

나 또한 반 아이들을 가르치면서 "친구와 사이좋게 놀아야 한다", "장난감을 소중하게 다뤄야 한다", "밥을 골고루 잘 먹어야 한다", "자기 물건은 자기가 정리해야한다", "화장실에서 장난치면 안 된다" 등에 대해 말한다. 그러나 내가 이렇게 교실에서 이야기 하더라도 아이들의 집에서는 또 다른 환경이 주어진다. 장난감은 재밌게 가지고 놀고 망가지면 다시 사면된다고 가르치는 부모님이 있을 것이다. 또는 밥을 골고루 잘 먹으면 좋지만 먹기 싫은 음식은 억지로 먹이지 않는 부모님도 있다. 아이들이 어지른 물건을 어쩔 수 없이 엄마가 정리하는 상황도 많을 것이다.

나는 부모님마다 아이들을 가르치는 교육 방침이 모두 다르다는 것을 느낀다. 또한 부모님마다 교육 방침이 다르듯이 아이들이 매년 새롭게 만나는 담임 선생님이 가르치는 것 또한 달라진다. 아이들은 어른들마다 달라지는 교육에 처음에는 혼란을 느낄 수 있지만 점점 융통성을 기르는 것이 가능하다. 또한 자신에게 맞는 가치관을 찾아 적용하기도 하는 것이다. 우리는 살면서 다양한 상황에 마주하게 되지만, 그 상황을 당황하지 않고 해결하는 것은 어릴 때부터 다양한 상황을 접해보고 경험하는 것으로 가능하다.

아이들이 다양한 환경과 상황을 경험하면서도 흔들리지 않을 수 있는 것은 자존감이다. 엄마들이 아이를 키우는 방법과 육아법은 다를 수 있지만, 아이들의 자존감을 높이는 방법은 아이들을 사랑하는 것이다. 엄마 자신만의 흔들리지 않는 일관된 육아법과 아이를 사랑하는 마음이 아이의 자존감을 높인다.

육아에 정답은 없다. 아이들마다 관심사가 다르고 성격과 기질, 환경과 상황이 모두 다르다. 모든 엄마의 희망은 내 아이가 예쁘고 바르게 잘 크는 것이다. 엄마가 아이를 어떻게 대하느냐에 따라 아이의 인생이 달라지는 것이다.

3월이 되면 새학기가 시작된다. 그래서 2월 말이 되면 아이들은 새로운 교실과 새로운 반으로 가기 위한 준비를 한다. 아이들뿐만 아니라 엄마와 선생님도 서로 감사함을 표현하며 마지막 인사를 나눈다. 6살 유정이네 엄마와도 전화통화를 하며 1년간 수고했다고 말하며 인사를 나누게 됐다. 내가 1년 동안 살펴본 유정이는 똑똑한 아이었다. 알려주는 것에 이해가 빠르고 응용하는 능력도 뛰어났다. 매일 독서를 하고 독후감을 적어오는 숙제를 하루도 빠짐없이 했다. 유정이 엄마도 유정이에게 더 많이 가르치고 싶어 하고 뭐든 잘하는 아이로 키우고 싶어 했다. 학기 중에는 나와 자주 전화통화를 하며 유정이의 진도를 확인하는 것을 잊지 않았다.

그렇게 1년이 지나고 학기가 끝날 무렵 마지막 인사를 나누기 위해 유정이 엄마와 통화를 했다. 그날도 요즘 무엇을 배우고 있는지, 유정이가 이해는 잘 하고 있는지에 대해 대화를 나눴다. 그런데 그날은 유정이 엄마가 이렇게 물어보는 것이다.

"우리 유정이는 반에서 몇 등 인가요? 객관적으로 솔직하게 말씀해주세요"

질문을 듣고 나는 놀라고 당황했다. 아직 6살 밖에 되지 않은 아이의 등수를 매겨야 한다는 생각은 해본 적이 없었기 때문이다. 나는 유정이 엄마에게 이렇게 말했다.

"유정이는 호기심이 많고 알려주는 지식의 대부분을 어렵지 않게 흡수하는 아이입니다. 독서노트 역시 빠트리지 않고 꾸준하게 하는 아이는 유정이 밖에 없습니다. 하지만 어머님께서 질문하신 것에 대한 답을 내리기에는 어렵네요. 6세 아이들은 아직 한참 발달중이며 같은 나이라고 해도 개인차가 큽니다. 아이들마다 잘하는 것과 부족한 것에는 차이가 있습니다. 때문에 유정이는 잘하는 것이 많지만 부족한 부분도 있습니다. 유정이의 장점은 다른 아이에게 단점이 되기도 하지만 유정이의 단점은 다른 아이에게는 장점이 되기도 합니다"

실제로 아이들은 잘하는 것이 있는 반면 부족한 부분도 있다. 그리고 아이들마다 그 개인차가 크다. 높은 점수를 받는 아이가 좋다고 생각하는 엄마는 아이에게 언제나 높은 성적을 강요할 것이다. 좋은 성적을 바라는 강압적인 엄마 밑에서 아이는 엄마의 기대에 부흥하기 위해 자신이 바라는 것을 찾지 못할 수 있다. 언제나 등수에 연연하는 삶을 살게 되는 것이다.

《선생님들이 직접 겪고 쓴 독서교육 길라잡이》에서는 많은 교사나 학부모들이 독서 교육을 통해 즉각적인 성과를 얻으려는 것에 대해 관심이 많다고 말한다. 책이나 학생 대신에 '성적'에 해당하는 외적인 평가 결과를 중시하는 것은 학생들이 자신이 좋아하는 책을 열심히 읽고 능동적으로 참여하는 대신에, 상을 받기 위해 일방적으로 훈련되는 측면이 강하다고 말한다. 때문에 아이들에게는 성적이라는 합리성이 보장되지 않은 지나친 개입과 간섭은 좋지 못하다는 것이다.

나 또한 아이들이 행동하는 데에 외적인 보상이나 성적을 올리기 위해 행동하는 것은 좋지 못하다고 생각한다. 스스로 우러나오는 진심이 없는 행동은 오래 지속되지 못할뿐더러 오래 기억되지 못할 것이다.

어떤 초등학교에서는 성적이나 등수를 아이와 부모에게 공개하지 않는다고 한다. 아이의 성적이나 등수보다 풍부한 경험을 쌓는 것에 중요성을 두는 것이다.

엄마에게 자유의지를 존중과 인정받으며 자란 아이가 있다. 하지만 지나치게 자유를 인정받는 아이는 막무가내에 버릇없는 아이로 자랄 수도 있다.

어떤 엄마는 아이에게 모든 선택을 맡긴다. 아이가 하고 싶은 일이 있으면 뭐든 하게 해주는 것이다. "나 장난감 갖고 싶어", "나 오늘 어린이집 안가고 싶어" 등등…. 어떤 엄마는 아이에게 특별한 일이 없어도 어린이집을 가고 싶지 않다고 말하면 하루 쉬게 한다. 그럴 때 엄마는 "제가 집에서 쉬잖아요. 엄마가 집에 있는걸 아는데 아이가 가기 싫다고 하면 보내기 미안해요"라고 말한다. 어린이집에 자주 빠지거나 보내지 않는 엄마는 항상 이유가 비슷하다. 아이가 쉬고 싶다고 말해서다.

그러나 어른이 된 우리는 직장에 하루 쉬고 싶다고 해서 쉬지 않는다. 그것은 쉬고 싶은 나의 의지와 상관없이 해야 하는 일이다. 아이들이 장난감이 갖고 싶다거나 어린이집에 가고 싶지 않은 마음은 아이들에게 의지가 있기 때문이 아니다. 그렇게 하고 싶은 욕구가 있기 때문이다. 어른들은 직장에 가고 싶지 않은 욕구가 있음에도 그 욕구를 참고 의지를 가지고 매일 출근한다. 아이들 역시 자신의 욕구에 따라 모든 일이 이루어질 수 없다는 것을 배워야한다. 때론 의지 있게 해내야 하는 일이 있다는 것을 알아야 하는 것이다. 의지를 가지고 행동해야 하는 것을 아는 아이들이 어른이 되어서도 자신의 일에 책임감을 가진다.

아이에게는 선택권이 주어지면 어떤 선택이 좋은 선택인지 결정할만한 판단력이 부족하다. 자신의 선택에 책임이 따르는 것을 모르는 것이다. 때문에 아이가 어린이집에 가는 일이 좋지 않는데도 불구하고 보낸다고 해서 아이의 의지를 꺾고 기를 죽이는 행동이라고 생각하면 안 된다. 아이가 어릴수록 '된다', '되지 않는다'의 선택과 판단은 부모가 해야 하는 것이다.

부모는 아이의 생각에 대해 판단해야 하는 상황과 감정을 읽어줘야 하는 상황을 혼동하면 안 된다. 아이에게 기분상하는 일이 생겼거나 어떤 좌절을 느꼈을 때는 상황에 맞게 감정을 읽어줘야 한다. 그러나 '하고 싶다', '갖고 싶다'의 마음에는 되는 것과 되지 않는 것에 정확하게 선을 그어 주어야 한다.

아이가 장난감 정리를 하지 않거나 뛰고, 공격하고, 소리를 지르는 행동도 마찬가지다. 아이가 바르지 않은 행동을 계속 하는 것은 그 행동이 바른지 아닌지 엄마가 판단해주지 않았기 때문이다. 아이가 바른 행동을 하지 않을 때에는 단호하게 "그 행동은 안되"라고 가르쳐야 한다. 아이가 더 이상 그 행동을 반복하지 못하도록 통제해야하는 것이다.

지나치게 많은 관심을 가지고 통제하는 엄마가 있는 반면, 모든 것을 자유롭게 풀어두는 엄마도 있다. 아이를 바꾸고 싶고 잔소리 할수록 아이는 더욱 엇나갈 수 있다. 너무 방치해도 무엇이 잘못되고 올바른지 알지 못하게 된다. 엄마의 역할은 아이를 위해 감정을 읽고 자존감을 높여서 스스로 올바른 판단을 내릴 수 있도록 길을 제시해주는 것이다.

많은 엄마들이 우리아이가 잘 자라길 바라고 있다. 그러나 모든 아이는 다른 기질과 성격을 가지고 다른 환경에서 자라고 있다는 것을 기억해야한다. 모든 아이를 맞춰 주면서 할 수 있는 육아는 힘들다는 것이다. 육아에 정답은 아이에게 많은 사랑을 주는 것이다. 엄마에게 많은 사랑을 받은 아이가 높은 자존감을 가지고 행복하게 자란다.

제한된 허용하기(미디어시청 시)

★ 미디어 시청을 오래 하는 아이의 경우 부모의 제한된 허용이 이루어지지 않았기 때문이다.

★ "한 개만 보고 TV끌거야"라고 미리 아이에게 통보하고 끈 후에는 아이가 울며 보채도 일관성 있게 제한하고 통제하는 것이 중요하다.

★ 24개월 미만 어린이는 하루 30분미만 시청을 권장하고 있다.

02
선생님 같은 엄마가 되지 마라

"착한 우리 아이, 말 잘 들어야지?"

아이의 행동을 바로 잡고 싶거나 아이가 원하는 것을 들어줄 수 없을 때 자주 했던 말 중 하나다. 이 말에 내포된 뜻은 반항하지 말고 어른이 하는 말에 따르라는 뜻이다. 또한 더 이상 토 달지 말고 하라는 대로 해라라고 해석할 수 있다. 단어 하나하나에는 긍정적인 언어들 이지만 말 속에 숨은 뜻이 아이를 억압하고 있는 것이다.

어른에게 항상 착한 행동을 강요받는 아이는 착한아이 콤플렉스를 가지게 된다. 어떤 행동에 대해 자신의 의지와 상관없이 착한 행동을 해야 한다고 생각한다. 부모에게 사랑 받기 위해서는 순종하고 복종해야한다고 생각하는 것이다.

어른들에게도 사회생활과 집에서의 생활이 다르듯이 아이들도 친구들과 선생님이 있는 교실에서는 집과 다르게 행동한다. 대부분의 아이들은 집에서 부모에게 잠투정을 하거나, 어리광을 부리며 관심 받고 싶어 한다. 그러나 부모가 없는 교실에서는 투정부리지 않는다. 오히려 더 의젓하게 행동하는 것이다.

예를 들어, 집에서는 엄마에게 투정부리며, 먹고 싶은 음식만 먹기 위해 떼를 쓰기도 한다. 그러나 교실에서는 먹기 싫은 음식이 있어도 투정부리지 못하는 것이다. 또한 선생님은 건강하고 튼튼한 어른이 되기 위해서는 먹고 싶지 않는 음식도 먹어야 한다고 말한다. 그럴 때 아이들은 선생님에게 자랑하거나 칭찬받고 싶은 마음에 싫어하는 음식도 한 번 먹어보길 도전한다. 집에서는 밥을 잘 먹지 않아서 걱정하는 엄마의 생각과는 반대로 정작 어린이집에서는 잘 먹는 아이들도 많이 있었다. 선생님에게 칭찬받고 잘 보이기 위해서든 혼나지 않기 위해서든 아이들은 어린이집에서 말 잘 듣는 착한 아이가 되기 위해 노력하는 것이다.

그런데 어린이집뿐만 아니라, 집에서도 착한아이 콤플렉스를 가진 아이들의 반응은 다르다. 영미의 부모님은 영미에게 엄격하게 대한다. 대화를 나눌 때마다 착한 아이가 되기를 강요하며 선택과 복종을 강요하는 것이다. 영미는 투정과 어리광을 받아주지 않는 엄한 분위기에서 자랐다. 그래서 영미는 자신이 부모임의 말을 잘 듣지 않으면 나쁜 아이라고 생각한다. 본인의 생각과 의견을 주장하지 못하고 부모나 다른 사람의 눈치를 잘 보며 부탁을 거절할 줄 모른다. 부모의 기대에 어긋나는 행동을 할까봐 두려워하는 것이다.

교실에서의 영미는 똑똑하고 이해력이 좋은 아이였다. 그러나 선생님의 눈치를 많이 보는 아이이기도 했다. 친구들을 잘 도와주지만 그럴 때마다 선생님의 눈치를 보는 것이다. 친구와 다투다가도 선생님이 쳐다보는 경우 바로 친구에게 미안하다고 사과부터 한다. 나는 영미가 혼나지 않기 위해 행동하는 것이 눈에 보여서 안타까웠다.

나는 영미가 눈치 보지 않는 아이가 되었으면 했다. 그래서 눈치 보는 경우에는 영미에게 항상 "영미생각이 맞아. 너무 잘하고 있어. 어떻게 이런 생각을 했니?", "영미 작품이니까 영미 마음대로 해도 괜찮아"라는 말로 행동에 자신감을 주는 말을 해줬다.

아이에게 너무 엄하게 대하거나 착한 태도를 강요하는 경우 아이는 착한아이 콤플렉스에 걸리게 된다. 아이다운 모습을 표현하지 못하고 자신의 생각을 자유롭게 펼치지 못하는 것이다. 부모의 기대에 부응하기 위해 노력하지만 정작 스스로를 위한 행동이 아니기 때문에 행복하지 않은 것이다.

《하버드 집중력 혁명》의 저자 에드워드 할로웰은 항상 남의 부탁을 들어주는 좋은 사람이 되어야 한다는 욕구가 단단하게 확립된 사람을 ADT를 앓고 있는 것이라고 말했다. 바쁜 부모에게서 아이가 관심을 얻기 위해 나쁜 아이가 되거나 좋은 아이가 되는 것 중에서 선택한 것이다. 하지만 성인이 되어서 모든 상황과 사람의 말을 다 받아들이며 남들의 인정을 갈구한 결과 더 이상 누구의 인정도 받지 못하게 된다는 것이다. 스스로를 위해서가 아닌 다른 사람에게 인정받기 위해 행동하는 것은 쉽게 지치게 된다. 남이 아닌 자신의 욕구를 위해 노력하는 사람이 돼야하는 것이다.

눈치 보지 않는 아이로 키우기 위해 어떻게 해야 할까? 아이에게 무언가를 요구할 때는 착한아이는 말을 잘 들어야한다는 뉘앙스를 풍기며 요구해서는 안 된다. 부모의 요구를 들어주지 않는다고 해서 자신을 나쁜 아이라고 생각하지 않도록 교육해야 한다. 부모로부터 자신이 언제나 사랑받고 있다는 것을 느끼는 아이가 자신을 사랑하고 자존감이 높아진다.

엄격한 부모에게 자란 아이는 부모의 인정과 관심을 받기 위해 교실에서처럼 본심을 숨기게 된다. 선생님처럼 엄한 부모에게서 착한 아이라는 말을 듣기 위해 아이답지 않게 스스로의 감정과 욕구를 억누른다. 아이들이 집에서 만큼은 마음껏 감정을 표현하고 사랑받고 있음을 느끼게 하는 것이 부모의 역할이다.

어린이집 선생님은 아이들을 보호하기 위해 규칙을 강요하고 위험한 행동을 하지 못하도록 차단한다. 그러나 부모는 선생님이 아니다. 부모는 아이를 믿고 궁금한 것을 해결하는데 적극적으로 도와야 하는 존재다.

6세 반을 맡을 때 지인이의 엄마와 상담을 하게 되었다. 지인이 엄마는 지인이가 자라서도 언제나 친구 같은 엄마가 되고 싶다고 한다. 지인이 엄마는 직장을 다니는 워킹맘이다. 때문에 매일 회사와 육아 두 가지 일을 하는 것이 힘들다고 말한다. 퇴근 후에는 집에 가서 쉬느라 지인이가 놀아달라고 보채도 놀아주지 못하는 경우가 많아서 매번 미안한 마음을 가지고 있다고 한다.

그러나 아무리 바빠도 지인이에게 중요한 행사가 있는 경우에는 회사에 연차를 내서라도 반드시 참석하기 위해 노력한다. 지인이 엄마는 엄마로서 해야 하는 일에는 적극적으로 참여 하고 싶어 하는 것이다. 워킹맘으로서 회사와 육아 두 가지 일을 병행하느라 바쁜 나날을 보낸다. 하지만 지인이의 자존감을 키우기 위해서는 아무리 바빠도 행사에 적극적으로 참여해야 한다고 생각하는 것이다.

지인이 엄마는 지인이가 책임감 있는 아이로 자라길 바란다. 책임감 있는 아이로 키우기 위해 엄마는 지인이가 무언가를 요구 하는 경우에는 "그래. 지인이가 하고 싶은 대로 하자. 하지만 지인이가 결정했으니 어떤 결과가 일어나도 지인이가 책임져야 하는거야"라고 말하며 자신의 선택에 책임감을 강조하는 것이다. 지인이 엄마는 지인이가 자라서도 다양한 주제로 고민 상담을 할 수 있는 친구 같은 엄마가 되고 싶어 한다.

지인이 엄마의 말처럼 친구 같은 엄마가 되는 것이 어떨까? 아이의 선택을 존중하고 이해하면서 아이에게 책임감을 주는 것이다. 눈치 보지 않고 스스로 선택할 줄 아는 아이에게 책임감이 자랄 수 있다. 아이와 편안하게 대화를 나누고 아이의 마음을 공감해주는 엄마가 되어주자. 선생님 같은 엄한 엄마에게 눈치 보며 자신의 뜻을 말하지 못하는 아이는 자존감이 낮아진다.

선생님 같은 엄마는 아이에게 선택의 순간이 오면 엄마가 모든 것을 결정하고 선택한다. 아이의 마음에 들지 않아도 엄마가 선택한 것을 강요하고 억압하는 것이다. 반면에 친구 같은 엄마는 아이의 선택을 존중한다. 좋은 선택을 할 수 있도록 아이를 이끌어주고 지원하기위해 노력하는 것이다. 아이가 자유롭게 자신의 생각을 펼치고 살도록 돕기 위해서, 당신은 어떤 부모가 되어줄 것인가?

아이들에게 선생님은 아무리 편하고 좋아도 결국 선생님이다. 아이들은 선생님과 함께하는 교실 속에서 항상 말썽부리지 않는 바른 행동이 요구된다. 긴장 속에서 자라는 아이가 자존감이 높아질까, 편안한 믿음 속에서 자라는 아이가 자존감이 높아질까? 지금 당신의 아이를 바라보고 생각해보자. 선생님 같은 엄마로 대하고 있는지, 믿음을 가지고 지켜보고 있는지.

책임감 길러주는 법

★과잉보호 하지 않기 – 다양한 문제 해결을 통해 스스로 판단하는 합리적인 사고력 키우기

★작은 성공을 통해 일의 성취감과 즐거움 느끼게 하기 – 신발 정리, 빨래 개기, 수저 식탁에 놓기 등 간단한 심부름을 돕는 역할을 주고 자신의 일을 해결하는 것으로 책임감과 성취감 높이기

★오늘은 어떤 신발을 신을까? 어떤 옷을 입고 싶니? 등 제한된 범위를 점차 늘려가며 스스로 선택하는 기회 많이 가지기(제한된 범위는 여름이면 여름 옷, 겨울이면 겨울 옷을 입을 수 있는 범위를 제공하기)

03
때로 무관심하며 스스로 하게 하라

은지는 평소에 행동이 느리고 내성적인 아이었다. 은지는 5살이 되고 새로운 반에서 새로운 선생님과 친구들을 만났다.

나는 새로운 친구들과 은지에게 아침에 등원해서 해야 할 일을 알려줬다. 신발정리, 옷 정리, 가방 정리하기 등…. 5세 친구들은 처음이라서 어색해 하거나 어려워했다. 하지만 선생님이 알려준 대로 스스로 정리하기 위해 노력한다.

그런데 정리하는 친구들을 도와주다가 은지를 보니 정리하지 않고 친구들 사이에서 가만히 서있는 것이다. 정리하기 위해 움직이지 않고 가만히 가방을 만지작대기만 할 뿐이다. 나는 은지가 가방 정리하는 것이 처음이고 어려워서 못하는 것이라고 생각했다. 그래서 나는 은지를 위해 정리하는 방법을 차근차근 알려주고 도와줬다.

하루 일과 중에 아이들이 바지에 실수하는 경우를 대비해 활동 전에는 항상 미리 화장실에 다녀오라고 지도한다. 은지와 친구들 모두 화장실 앞에 줄을 서서 자신의 차례를 기다린다. 그런데 은지 차례가 와서 화장실로 들어가는 모습을 보았지만 시간이 지나도 나오지 않는 것이다. 나는 화장실에 들어가서 확인해 봤는데 은지가 화장실 앞에서 가만히 서 있는 것이다. 은지에게 화장실에 다녀왔는지 물어보자 고개를 옆으로 흔든다. 왜 안가고 있는지 물어 봐도 대답이 없다. 화장실에 들어갈 건지 물어보자 그때서야 고개를 끄덕이는 것이다. 은지의 바지를 내려주고 나서야 볼일을 본다.

은지는 왜 줄을 서고 화장실에 들어가서 볼일을 바로 보지 않았을까? 가방을 정리하는 시간에 왜 다른 친구들처럼 정리를 시도해 보지 않았을까? 알고 보니 은지는 스스로 할 줄 아는 것이 많이 없었다. 은지가 4살 때 가르쳤던 선생님께 물어보니 스스로 할 줄 아는 게 많이 없어서 손이 많이 갔다고 한다. 밥을 먹을 때도 숟가락을 들고 혼자 먹을 생각을 안 해서 떠먹여 준 적이 더 많다고 했다. 그나마 은지가 4세 때는 반 아이들이 적어서 챙겨주는 것이 비교적 쉬웠다. 하지만 5세 교실에서는 4세 때보다 많아진 아이들을 선생님이 세세하게 챙겨주는 것은 쉬운 일이 아니었다.

은지가 이렇게 스스로 하고자 하는 욕구가 없는 이유가 뭔지 은지엄마에게 물어봤다. 그 이유는 은지의 행동이 느리기 때문에 엄마가 하나부터 열까지 다 해준다고 하는 것이다. 은지의 엄마는 아이가 느리기 때문에 기다리는 것보다 해주는 것이 편하다고 말한다. 스스로 해볼 기회가 자주 없었던 은지는 결국 나이가 같은 또래 친구들에 비해서 할 줄 아는 것이 많이 없었다. 항상 누군가 해주길 기다리는 것이다. 반면에 스스로 해볼 수 있었던 기회가 많았던 아이들은 누군가 자신을 도와주려고 해도 스스로 하는 것을 더 좋아한다. 은지를 위해 도와줬던 엄마의 행동이 아무것도 못하는 아이로 만든 것이다. 마냥 예쁘기 때문에 다 해주는 동안 자신의 아이에게 부족한 점이 뭔지 모를 수 있다. 하지만 여러 또래 아이들과 함께 보고 있는 나는 은지의 부족함이 객관적으로 더 크게 보이는 것이다.

아이가 할 줄 모른다고 해서 엄마가 다 해주는 것은 오히려 아이의 독립심이 자라고 있는 것을 망치는 일인 것이다. 아이들은 자라면서 어떤 행동이든 반복하면서 배우고 익힌다. 그런데 이 과정에서 엄마가 뭐든 다 해주고 아이가 스스로 해 볼 수 있는 기회를 제공하지 않으면 시간이 지나서 아이는 무기력해질 수 있다.

혼자 배워야 할 나이에 아이가 느려서, 할 줄 몰라서, 답답해서 자꾸 도와주고 해결해주면 아이는 나중에도 자신이 해야 한다는 것을 인지하지 못하게 된다. 자신에게 필요한 모든 것을 엄마가 해줘야 하는 것이라고 당연하게 생각하는 것이다. 시간이 지날수록 아이의 표현력은 더욱 늦어지고, 스스로 할 필요성을 느끼지 못하게 되는 것이다.

《아들러는 아이들을 이렇게 치유했다》의 저자 알프레드 아들러는 은지처럼 지나치게 엄마에게 의존하고 응석받이로 자란 경우 아이들이 쉽게 낙담할 수 있다고 말한다. 더 심감한 것은 낙담하는 가운데 노력하길 포기하고 구석에 쳐박혀 있는 것에 만족하게 될 수 있다는 것이다. 은지같은 아이들이 지금까지 성공하지 못한 것은 엄마에게 지나치게 의존하고 자신감을 잃었기 때문이라는 사실이다. 성공이 즉시적으로 나타나지 않더라도 배움을 통해 누구나 성공할 수 있다는 이치를 설명하는 것이 중요하다고 말한다.

자존감 높은 아이로 키우기 위해서는 스스로 도전하는 기회가 제공되어야한다. 할 줄 모르는 아이를 위해서는 하는 방법을 가르쳐줘야하는 것이다. 방법을 가르쳐 준 후에는 스스로 해보도록 격려하고 도전한 것에 대해 칭찬해야한다. "은지가 혼자 하니 정말 대단하구나, 엄마가 너무 기뻐"라는 말로 아이의 도전을 응원해야한다. 나 또한 은지가 어린이집에서 스스로 할 수 있는 경험을 많이 시켜줄 거라고 말했다.

혼자 하는 일이 반복되고 익숙해지면 아이는 엄마가 가르쳐 주지 않아도 혼자 있는 경우에도 도전하고 싶은 마음이 생긴다. 만약 아이가 도전에 실패해도 걱정하기보다는 때론 무관심하게 아이 스스로 하는 경험하는 것을 지켜보는 것이 좋다.

4~5세가 되는 아이들은 서서히 부모의 도움으로부터 독립하는 시기라고 할 수 있다. 이 시기에 엄마는 아이가 스스로 해보고 싶은 마음이 무너지지 않도록 독립심을 잘 키워주는 것이 중요하다.

아이들은 혼자서 옷을 입고, 양말을 신고, 신발을 신어보는 등의 다양한 경험과 작은 성공경험으로 독립심을 높인다. 아이들에게 도전과 경험이 재밌고 신나는 일이 되기 위해서는 칭찬이 중요하다.

"혼자 도전하고 열심히 노력하는 모습이 정말 멋지다."
"열심히 노력하는 모습을 보니 좋은 결과가 있을거다."

이런 말들은 아이들에게 큰 동기부여를 준다.

처음 하는 아이의 도전에 기를 죽이는 말은 도전정신을 꺼지게 만들 수 있다. 예를 들어, 옷 입기에 처음 도전해본 아이가 거꾸로 입은 경우 "이게 뭐니? 옷을 거꾸로 입었잖니? 그러게 엄마가 가만히 있으라고 했잖니. 뭐하나 제대로 하는 것이 없구나!"라는 말보다 "혼자서 옷을 입다니 대단하다. 그런데 오늘은 옷을 거꾸로 입었네. 옷에는 방향이 있으니 다시 한 번 입어볼까?"라고 말하며 정확한 방향으로 입도록 거들어주면 되는 것이다. 이외에도 아이가 혼자 하고 싶은 일이 생길 때 엄마는 별 일 아니라는 듯 무심하게 아이에게 맡기면 된다. 그리고 아이가 도전에 성공했을 때는 격하게 칭찬하면 된다. 스스로 성공하고 성취감을 느낀 아이의 자존감은 자연히 높아질 것이다.

나는 교실에서 아이들이 무언가를 도전하고 싶어 하는 경우 혼자 해 볼 수 있도록 한다. 그런데 아이가 혼자 잠바를 입는 도전을 하고 성공 후에 불편해도 그냥 입고 있는 경우가 있다. 그럴 때 나는 아이의 옷매무새를 다듬어주며 잠바입기에 도전한 아이를 칭찬한다. 또는 아이가 자신의 식판을 정리하고 싶어 할 경우 지켜보다가 도움이 필요할 때 살짝 거들어준다. 혼자서 물을 따라 먹어도 지켜보고 있다가 흘리는 경우 닦아주는 것을 돕는다. 아이를 믿고 스스로 도전하는 기회를 주는 것이 중요하다.

"나 혼자 할 수 있게 도와주세요"

몬테소리 어린이집에 근무할 때 그곳의 교육 철학이었다. 나는 항상 이 철학이 아이의 발달을 돕는데 큰 역할을 하고 있다고 생각했다. 신발을 신더라도 꼭 아이 스스로 신는 것을 중요하게 생각한다. 어떤 어린이집에서는 다급하거나, 아이에게 무신경해 보이지 않기 위해 아이의 신발을 신겨주고 가방도 선생님이 다 챙겨주는 곳도 있었다. 그러나 몬테소리 철학처럼 아이가 혼자 할 수 있게 도와주는 것이 아이의 성장을 위해서 더 좋은 효과라고 생각한다. 아이의 인성을 위해서도 자신을 위해 누군가 모든 것을 해주는 것이 익숙한 환경에서 자라는 것은 좋지 않다. 스스로 하는 것이 익숙하지 않은 아이는 도전정신이 낮을 뿐 아니라 그것이 당연하다고 생각한다.

아이의 도전하는 힘은 엄마의 무관심에서 온다. 무관심하며 스스로 하게 할 때 아이의 독립심이 자라는 것이다.

인지발달을 위한 학습기술을 강화하는 TIP

★아이에게 다양한 개방형 질문하기(어떻게 생각하니? 왜 그렇게 생각하니?)

★형태와 배경, 부분과 전체 식별하는 놀이하기

★새롭고 다양한 환경에서 탐색하는 경험하기

★경험에 대한 대화를 통해 경험을 언어로 표현하고 상기시키기

04
말썽피우는 아이로 키워라

말썽피우는 아이로 키워라? 보통은 말썽피우고 사고를 많이 치는 아이들을 피곤해한다. 말썽 피우는 아이는 잘 넘어지고 깨지고 다치기 때문이다. 또한 말썽피우는 아이 손에 들어가는 것은 죄다 부서지고 고장 난다. 도대체 왜 이렇게 말썽을 피울까?

5살 준혁이는 에너지 넘치고 활발한 아이였다. 교실을 뛰어다니거나 격한 장난을 많이 쳐서 다칠까봐 마음을 조마조마하게 만들었다. 한번은 준혁이가 친구와 복도에서 장난치다가 소화기를 터트리는 대형사고를 쳤다. 방과 후 수업에서 교실 앞에 있는 소화기를 보고 궁금했는지 만지다가 소화기가 발사된 것이다. 깜짝 놀랐지만 준혁이와 친구 모두 다행히 다치지 않았다. 담당 선생님께서 바로 발견해서 정리하고 준혁이와 친구에게 주의를 준 것으로 마무리 되었다.

평소에도 사소한 사고를 많이 치는 호기심 많은 말썽쟁이 준혁이가 항상 사랑스러웠던 이유는 언제나 밝고 에너지가 넘치기 때문이었다. 애교가 많고 긍정적인 성격에 자기 자신을 사랑하고 자존감이 높은 아이었다. 그런 준혁이의 말썽은 모두 호기심에서 나오는 것이다. 궁금한 것이 있으면 참지 못하고 행동으로 표현하는 것이다.

매번 사고치는 아이 때문에 힘들다고 아이를 혼내기 보다는 부모가 아이의 호기심 해결을 도와주는 것이 좋다. 호기심을 해결하고 새로운 것을 알아가는 재미를 알려주는 것이다. 자존감 높은 아이의 부모는 아이가 궁금해 하는 것에 대한 호기심 해결을 돕는다. 사고친 상황을 걱정하기보다 아이의 가치를 소중하게 생각하는 것이다.

교실에서도 말썽을 많이 피우는 준혁이를 위해 나는 궁금해 하는 것을 해결해주기 위해 노력했다. 아이가 선생님이 하는 것을 관심 있게 보는 것은 그것이 궁금하거나 자신도 해보고 싶다는 표현이다. 해보고 싶은 것을 경험하게 하면 아이는 어려운 일이어도 성공하기 위해 노력한다. 만약 선생님이나 엄마, 다른 어른을 도와주는 행동이라면 뿌듯함은 배가 된다. 말썽피우면서 말 안 듣는 아이가 되는 것이 아니라 말 잘 듣는 호기심 많은 아이가 되는 것이다.

교실에서도 아이들은 호기심을 해결하기 위해 말썽을 피운다. 잠깐 한눈 판 사이에 아이들은 싸인펜으로 자기 얼굴이나 친구얼굴에 낙서하거나 물을 엎지르기도 한다. 호기심으로 친구 머리에 모래를 뿌리는 아이도 있고, 작은 구멍에 손을 넣고는 빠지지 않아서 우는 경우도 있었다. 또 자신의 머리카락을 자르는 아이 등등 아이들은 정말 다양하고 많은 호기심을 가지고 있었다.

아이들은 스스로 궁금한 것을 경험해보고 해결하면서 학습능력을 기른다. 어려서 말썽을 많이 피우고 호기심 해결을 자주 경험한 아이가 자라서도 새로운 환경에 도전하는 능력이 생길 수 있다.

《내 아이의 자존감을 높이는 프랑스 부모들의 십계명》의 저자 마르조리 물리뇌프는 아이가 자신의 역량을 발휘하고 실패에서 또 다른 가르침을 얻도록 지켜봐야한다고 한다. 아이가 위험을 감수하도록 어느 정도 부추기느냐, 아니면 개인적인 시도를 어느 정도 자제시키느냐에 따라 아이가 갖게 되는 자신감의 수준이 달라진다는 것이다. 때문에 스스로에 대한 강한 믿음과 문제 해결 능력을 기르기 위해서는 아이들의 호기심을 격려하는 것이 중요하다.

아이들은 컵 하나에서도 지식을 쌓는 것이 가능하다. 컵을 만지다가 깨물어 보기도 한다. 빨거나 밀어보며 어느 정도 힘을 줘야 컵이 움직이는지 감각을 통해 알아보는 것이다. 호기심이 깊어지는 경우 컵을 떨어트리거나 던져서 깨지는지 안 깨지는지도 경험을 통해 알아보고자 한다.

그러나 아이가 새로운 것을 보고 호기심을 해결하고자 하는데 엄마가 그것을 차단시켜 버리는 경우가 있다. 엄마의 차단으로 상실감을 느낀 아이는 더 이상 해보고 싶은 마음이 사라지고 흥미를 잃을 수 있다. 또는 아이가 사고 쳤다고 해서 무조건 내는 혼은 아이의 자존감을 떨어지게 만든다.

아이가 실수 하더라도 혼내기 보다는 "컵이 떨어지면 깨진단다, 깨진 유리조각에 다칠 수 있으니 떨어트리지 않도록 조심해야해"라는 설명으로 조심성을 길러줘야 한다.

아이들의 호기심으로 인해 큰일 날 뻔한 적도 있었는데, 작은 비즈가 코에 들어가는지 궁금했던 아이는 호기심에 자신의 콧구멍에 넣고 빠지지 않아서 병원에 가는 사건이 생기기도 했었다.

호기심 많은 아이들에게는 어떤 행동이 위험한 행동인지에 대해 알려주는 것이 중요하다. 아이들은 궁금한 것이 많지만 그것이 위험한 일이고 자신에게 어떤 해를 주게 될지 알지 못한다. 콧구멍에 비즈를 넣었던 아이도 코에 이물질이 들어가면 어떤 위험이 생기는지 몰랐기 때문이다.

사고를 미리 예방하기 위해서는 어떤 상황이 위험한 상황인지 미리 알려주는 것이 좋다. 위험한 상황을 사진이나 그림을 보며 하면 안되는 행동이라는 것을 교육해야한다. 자신의 몸을 지키는 방법을 알려주는 것이 가장 중요하다.

아이의 안전에 문제가 없고 다른 이에게 피해를 주지 않는 범위에서 아이의 탐색을 도와줘야 한다. 그리고 다른 방법을 이용해 아이의 욕구를 해소시켜 주는 것이 좋다.

5살 찬민이는 평소에 질문이 많고 호기심이 많다. 새로운 것에 관해 질문을 하고 새로운 환경에 도전하는 것을 겁내지 않는다. 호기심 때문에 위험한 상황이 생기기도 하지만 곧 극복해낸다. 그런 찬민이를 위해 찬민이 엄마는 호기심을 해결해 줄 다양한 환경을 제공한다. 책을 놓고 궁금한 것을 스스로 찾아 해결하도록 지도하거나 주말이면 가족끼리 체험활동을 하러 다니기도 한다.

찬민이네처럼 호기심이 많은 아이를 위해서는 직접 체험하는 기회를 많이 가지는 것도 좋은 방법이다. 찬민이는 실험과 경험을 통해 모르던 것도 더 또렷하게 기억할 수 있다.

찬민이는 호기심을 해결하는 과정 속에서 일상에서 해도 되는 것과 안 되는 것을 배우기도 한다. 궁금증을 해소하고 싶은 아이에게 엄마의 역할은 행동의 위험성이나 상황에 따라 되는 것과 안 되는 것을 구분해주는 것이다. 다양한 경험의 기회가 많은 아이는 경험을 통해 그것을 구분하는 능력이 생긴다.

예를 들어, 벽에 낙서하며 즐거움을 찾는 아이들이 있다. 그러나 엄마는 벽에 색칠하는 것 자체를 나쁜 행동으로, 말썽피우는 아이로 생각한다. 찬민이 엄마는 벽에 전지를 붙여 색칠할 수 있는 공간을 만들어준다. 색칠할 수 있는 공간이 생긴 찬민이는 벽에는 색칠하면 안 되는 것을 알 수 있다. 큰 종이가 붙은 넓은 벽에 그림을 그리며 재미를 느끼고 호기심을 해소한다.

엄마의 화장품을 가지고 노는 아이들도 있다. 그런 경우 비닐을 깔아놓고 인체에 무해한 물감을 잔뜩 뿌려서 놀이 해보도록 하는 것이다. 놀이는 주어진 시간에 하는 것이라는 생각을 심어주고 일상에서 해도 되는 것과 안 되는 것을 구분하게 된다.

자꾸 시도하고 도전하면서 아이들은 호기심을 해결해나간다. 관찰하고 탐색하고 행동하는 것을 통해 아이들의 두뇌는 발달된다. 똑똑한 아이로 만드는 것은 엄마가 제공하는 환경에 따라 달라진다. 아이의 가능성을 키우기 위해서는 믿고 말썽부리며 행동해보도록 하자.

백문이 불여일견 '백 번 듣는 것보다 한 번 보는 것이 낫다'라는 말이 있다. "사고치지 말아라", "뛰면 다친다", "만지지 말아라"라고 백 번 듣는 아이보다 한 번 경험한 아이가 더 빨리 깨우친다. 궁금한 것을 충분히 탐색하고 해결하는 기회를 제공해주자. 스스로 탐색하고 호기심을 해결하는 과정을 통해 아이의 자존감이 자란다.

논리기술을 확장하는 법

★패턴이 있는 놀이를 통해 규칙을 인지하고 반복놀이하기

★사건을 일어난 순서대로 배열하고 사건의 원인과 결과 사고하기

★문제가 일어난 원인과 해결과정 확인하는 경험하기

05
지나친 간섭은 하지 않는다

"친구들과 잘 어울려 노나요?", "손들고 발표는 잘 하나요?"

어린이집 생활에 대해 상담 하는 경우 항상 듣는 질문들이다. 엄마와 상담하는 경우 대부분 내 아이가 소심하기 때문에 친구들과 잘 어울려서 놀지 못할까 걱정하는 것이다.

처음 등원하는 아이들 중에서는 적응하지 못하고 우는 아이들도 많지만 대부분의 아이들은 익숙해지면 곧 적응하고 어린이집에 가는 것을 즐거워하기도 한다. 어른에게도 사회생활에 적응기가 필요하고 사생활이 있듯이 아이에게도 엄마가 없는 시간에서 자신만의 사생활이 있다.

옆 반 선생님의 반에는 아이에게 지나치게 간섭하며 유별나게 행동하는 엄마가 있었다. 동훈이라는 아이는 6세 나이가 되어서 처음 어린이집으로 등원하게 되었다. 어린이집에 처음 등원하게 된 것은 엄마에게도 동훈이에게도 큰 도전이었다. 엄마는 동훈이가 외동에다가 이전에 다른 어린이집에 다닌 경험도 없었기 때문에 더욱 걱정했다.

등원 첫 날, 동훈이는 엄마와 처음 떨어졌다는 불안감에 울음으로 하루를 보냈다. 엄마도 동훈이를 보내 놓고 걱정되는 마음에 점심시간이 오기도 전에 동훈이를 데리러 왔다. 둘째날, 셋째날도 마찬가지였다. 어린이집에 등원한 동훈이는 매일 울었고 엄마는 밖에서 기다렸다가 데리러 왔다. 담임선생님도 매일 동훈이 엄마와 전화 통화로 동훈이의 상태를 세세하게 알려줬다.

며칠이 지나자 동훈이도 적응이 됐는지 교실에 등원해도 울지 않았다. 하지만 어색함은 있었기 때문에 동훈이는 이제 친구들과 친해지기 위해 노력했다. 교실을 둘러보고, 친구들의 대화에 귀를 기울였다. 선생님의 수업에도 집중하는 모습을 보였다.

하지만 동훈이 엄마는 여전히 동훈이를 걱정스럽게 생각했다. 동훈이가 있는 교실을 밖에서 몰래 지켜보거나 선생님에게 동훈이가 울고 있다는 전화가 오기를 기다렸다. 동훈이가 잘 지내고 있었기 때문에 선생님은 전화하지 않았지만 엄마는 정규시간이 끝나기도 한참 전에 데리러 왔다. 동훈이 엄마의 걱정은 1학기가 끝나고 2학기까지 지속되었다.

그런데 과연 동훈이의 엄마는 동훈이가 어린이집에 처음 가는 경우에만 걱정할까? 내 생각엔 동훈이가 초등학교에 가거나 새로운 일을 시작할 때면 항상 걱정할 것 같다. 엄마가 아이를 믿어주지 못하고 밀어주지 못하면 아이도 자신을 믿지 못하고 불안해한다. 걱정이 많으면 아이에게 지나치게 간섭하고 집착하게 된다. 항상 불안하며 안절부절 하는 엄마의 모습을 보고 자란 아이는 엄마의 감정을 똑같이 느끼면서 자라는 것이다.

아이가 걱정되고 믿지 못할 때에는 딱 며칠만 아이를 믿고 느긋하게 기다리고 참아보자. 매일 아침 등원하기 전에는 아이에게 "오늘도 친구들과 재밌게 잘 놀다와"라고 응원하고 집에 돌아온 후에는 오늘은 어떤 재미있는 일이 있었는지 물어보는 것이다. 어린이집에 등원하기 전에 엄마의 걱정스러운 표정을 보거나 하원한 후에도 오늘 무슨 일이 있었는지 캐묻는 것은 아이를 더 불안하게 만든다. 걱정하며 보낸 엄마를 보는 것보다 즐겁게 놀다 오길 응원해주는 엄마를 보며 아이는 어린이집에 더 긍정적인 마음을 가질 수 있는 것이다. 집에 돌아와서도 어떤 재미있는 일이 있었는지 즐거운 기억을 떠올리는 것으로 아이에게 어린이집에 대한 좋은 이미지를 심어주는 것이 가능하다. "오늘 정말 즐거운 일이 많았네. 정말 재밌었겠다. 오늘처럼 내일도 즐겁게 놀다 올 수 있지?"라는 칭찬과 아이를 믿어주는 말을 하는 것도 잊지 않아야한다. 즐거운 일에 대한 칭찬과 믿어주는 말로 아이는 자신이 행복한 일을 엄마도 좋아한다는 것을 알게 된다.

《아이행동심리백과》의 저자 앤지 보스는 어린이집에 데려다 줄 때마다 떼어놓기 힘든 아이들은 감각이 예민하기 때문이라고 말한다. 변화를 힘들어하기 때문에 학교나 어린이집, 유치원에 데려다주고 헤어지는 것도 아이의 입장에서는 편안한 집과 부모의 품을 떠나 다른 환경에 놓이는 부담으로 다가 온다는 것이다. 때문에 이런 아이들에게는 등교와 등원 과정을 시각적으로 쉽게 이해할 수 있게 도와주어야 하며 아이를 걱정하고 있다는 사실보다는 확신과 안도감 있는 모습을 보여주는 것이 좋다고 한다.

긍정적인 생각으로 현재 눈 앞에 닥친 상황에 대한 걱정보다는 멀리보는 여유가 중요하다. 도전하는 자존감 높은 아이로 키우기 위해서는 엄마의 믿음과 신뢰가 가장 중요하다.

지나친 간섭을 하지 않기 위해서는 엄마가 아이의 타고난 기질을 인정하는 것이 중요하다. 활발하고 당당한 아이가 있는 반면, 차분하고 소심한 아이가 있다. 아이의 기질을 인정하지 않고 억압하는 경우 아이는 자신의 기질에 맞지 않게 억지로 자신을 억누르기 위해 노력한다. 이런 아이들이 후에 눈치를 많이 보는 아이로 성장하게 되는 것이다.

어린이집에서 근무할 때 우리 반에도 다양한 기질의 아이들이 있었다. 청각이 둔한아이, 소심한 아이, 미각이 예민한 아이 등등…. 청각이 둔한 아이들은 평소에 자신의 생각에 집중하고 있는 경우가 많아서 이름을 여러 번 불러도 잘 듣지 못한다. 몇 초 정적이 흐른 후에 "네?"라고 대답한다. 예를 들어, 가지고 논 장남감을 정리하는 시간이 된 경우 놀이에 집중한 아이를 불러도 듣지 못한다. 이름 부르기를 반복하다가 결국 답답해서 참지 못하고 아이에게 화를 내게 되는 것이다.

아이의 기질을 이해하기 위해서는 다른 사람의 입장을 이해하듯 아이의 입장을 이해하는 것이 중요하다. 어른들 중에서도 청각이 둔해서 여러 번 불러야하는 상황이 있듯이 아이의 청각이 둔하다는 것을 인정하는 것이다. 다른 사람을 배려하듯이 아이를 위해 가까이 다가가서 정리 하도록 다시 말해주는 배려를 해주면 된다. 아이가 별나다고 생각하기 보다는 집중력이 강하다는 긍정적인 생각의 전환으로 아이의 자존감을 높여주는 것이 좋다.

아이들의 편식을 대하는 엄마들의 반응도 다양하게 나타난다. 김치로 예를 들면, 예민한 미각 탓에 매운 음식을 못 먹는 아이들이 있다. 김치가 몸에 좋은 음식이지만 매운 음식을 싫어하는 아이에게는 먹는 것이 고통스러울 수 있다. 어른들 중에서도 매운 음식을 피해서 먹는 사람들이 많다. 매운 음식뿐만 아니라 채소를 먹지 않는 사람, 고기를 먹지 않는 사람 등 다양하다. 어떤 음식의 특유한 향을 싫어하는 사람들이 있다. 아이들에게도 물론 있을 수 있는 일이다. 지나치게 몸에 좋지 않는 음식만 먹지 않는다면 음식에 대한 지나친 간섭은 줄이는 것이 좋다.

아이에게 간섭이 필요한 경우에만 적절하게 개입하는 것이 중요하다. 위험한 행동이나, 다른 사람을 공격하는 행동 등 잘못된 행동과 판단, 고집부리는 행동은 엄마의 단호한 간섭이 필요한 경우다.

아이들이 성장하는데 지나친 집착과 간섭은 아이의 올바른 성격 발달과 자존감 형성에 도움이 되지 않는다. 지나친 간섭보다는 아이를 있는 그대로 인정하고 지켜봐 주는 것이 중요하다.

분리불안을 바로잡는 TIP

★아이가 필요할 때 도움을 주는 것으로 아이에게 엄마의 믿음과 신뢰형성 하기 (아이가 새로운 것에 대한 불안함을 가지거나 원할 때 도움과 위로를 구 하는 대상이 되기)

★아이가 운다고 몰래 헤어지지 않기 (정식으로 인사해서 헤어지고 일정시간 지나면 엄마가 돌아온다는 믿음을 반복되고 일관된 행동으로 심어주기)

★또래 친구들이나 낯선 사람과 어울리는 시간 자주 가지기 (타인과 또래와의 관계에서 스스로 해결능력을 기르고 사회성과 기다리는 법 등을 배우기)

06
과도한 배려는 배려가 아니다

어린이집에 오기 위해 아이들은 매일 가방을 챙긴다. 그러나 아이들이 등원할 때는 자신의 가방을 직접 메고 등원하는 아이도 있지만 아이의 가방이 엄마 손에 들려 있는 경우도 있다. 등 · 하원 하는 동안 아이의 가방이 누구 손에 있는지만 봐도 엄마가 아이를 어떻게 키우고 있는지 짐작이 가능하게 한다.

많은 엄마들이 아이가 혼자 할 수 있는 일도 아이를 위해 배려한다. 가방을 들어주고, 밥을 먹여주고, 가방을 챙겨주는 것이다. 늦잠자는 아이를 위해서는 태워주면 된다는 마음으로 늦잠을 자도록 배려한다. 고생하는 아이를 위해 문제집을 펴주고, 어질러진 책상을 정리해주며 과도하게 배려한다. 엄마의 과도한 배려가 익숙한 아이는 스스로 하는 것이 없다. 선생님이 아이에게 "자신의 가방은 스스로 들고 와야지"라고 말하면 이해하지 못한다. 그런 일은 당연히 엄마가 하는 일이라고 인식하는 것이다.

아이들은 자라면서 자신의 몸을 스스로 챙기고 싶어 하며 처음 하는 것에 용기 있게 도전하고 싶어 한다. 가방을 챙기고 밥을 먹는 행동들은 배울 수 있고 배우면 익숙해지는 일이다. 아이가 배울 수 있는 것을 배우게 하고 꾸준하게 행동하게 함으로써 책임감을 키워 주는 것이 좋다. 사람은 자신이 할 수 있는 일을 꾸준하게 할 때 책임감이 생긴다. 자신에게 할 수 있는 일이 있고 잘 할 수 있다는 믿음으로 자존감이 높아진다.

과도한 배려가 익숙한 아이는 다른 사람에 대한 배려보다 자신에 대한 우월감이 자라게 된다. 아이를 위하는 것은 안전하게 보호하고 사랑을 많이 주는 것으로 충분하다. 다른 것은 아이가 스스로 할 수 있도록 가르치는 것이 아이를 위한 것이다.

《일반인을 위한 정신분석학 나는 누구인가》의 저자 김용신은 오늘날 한국 어린이들은 어머니로부터 분리되지 못하고 계속적인 애착관계만을 유지하고 있다고 말했다. 이런 경우 독립성이 상실되며 자신의 어려움에 대한 해결을 어머니에게만 의지하게 되고, 자아이상이 창의적으로 발전하기 보다는 퇴행적으로 발달하기 쉽다고 말한다. 때문에 어머니와 아버지의 균형있는 정서발달이 필요하며 아이의 창의력을 향상시키기 위해서는 자아이상도 무시하면 안 된다고 말했다.

창의력을 발달시키고 아이의 자아이상을 건전하게 유도하기 위해서는 과도한 배려가 아니라 아이가 어떤 행동이든 도전할 수 있는 용기를 주는 것이 중요하다. 배려 속에서도 아이와 엄마 사이의 적정선이 존재해야한다. 좋은 엄마는 아이가 원하는 것을 맞춰주기보다 엄마의 울타리에서 믿고 지켜보는 것이다.

그러나 좋은 엄마가 되고 싶은 마음에 아이가 떼쓰고 짜증내도 아이의 요구를 받아주는 엄마가 있다. 상황을 마무리하기 위해 아이가 부정적인 감정을 보이는 것을 맞춰주는 것에만 집중하는 것이다. 이러한 엄마는 자신을 다른 엄마와 비교하거나, 아이가 원하는 것을 맞춰주지 못하는 것에 대한 미안함을 가진다.

그러나 과도하게 맞추고 배려하는 것은 오히려 아이를 망치는 것이다. 아이는 항상 자신을 위해 맞춰주는 엄마에게서 당연함을 느끼면 독립심이 형성되지 않는다. 또한 가족관계에서 자신의 위치를 높이 평가한다. 엄마보다 자신이 높은 존재라고 생각하는 것이다.

자신을 높이 평가하는 것은 좋지만 그것이 지나치면 버릇없는 아이가 될 수 있다. 어떤 엄마는 아이가 다른 어른들에게 너무 예의 없게 대하는 것이 고민이라고 말했다. 자신에게 그렇게 하는 것은 상관없지만 다른 어른들에게 예의 없게 대하는 경우가 있어 민망하다고 하는 것이다. 그러나 중요한 것은 자신의 부모에게 예의 있게 잘하는 아이가 다른 어른들에게도 공손하게 대하는 것이 가능하다. 다른 사람에 대한 예의를 가르치기 전에 부모에 대한 존경과 예의를 갖출 줄 아는 아이가 다른 사람에게도 똑같이 예의 있게 행동하는 것이 가능하다.

대부분 새로운 교실을 맡게 된 선생님들은 아이들과 애착관계를 형성하기 위해 항상 밝은 미소와 긍정적인 모습을 보여주기 위해 노력한다. 또한 아이의 행동에 대해 훈육하거나 바로잡기 보다는 적응을 위해 안전이 보장된 틀 안에서 자유롭게 행동하도록 두는 편이다. 새로운 환경에 잘 적응해서 모든 아이들이 즐거운 마음으로 교실에 등원하길 바라기 때문이다.

하지만 모든 아이가 같을 수 없듯이 몇몇 아이의 예의 없는 행동으로 인해 주의를 주거나 훈육이 필요한 경우가 생기기도 한다. 5세 반을 맡았을 때 어떤 아이들은 나를 처음 대할 때부터 반말을 하는 경우도 있었다. 아직 어린 아이들이기 때문에 반말과 존댓말에 대한 개념을 모르는 경우일 수도 있다. 모르는 경우에는 아이에게 존댓말에 대한 개념을 알려주고 아이와 대화할 때마다 존댓말로 교정하고 정정해 줄 수 있다.

그러나 5세가 된 대부분의 아이들은 다른 사람과 나를 구분하는 것이 가능해지는 나이다. 존댓말에 대해 배운 아이가 다른 어른을 대할 때는 다시 반말을 하는 경우도 있었다. 존댓말에 대해서는 배웠지만 다른 사람에 대한 배려는 배우지 못했기 때문이다. 부모가 아이에 대한 지나친 배려로 다른 사람의 소중함을 가르쳐 주지 못한 것이다. 자존감 높은 아이는 자신을 사랑하는 마음뿐만 아니라 다른 사람 역시 소중하다는 것을 안다. 때문에 자존감 높은 아이로 키우기 위해 중요한 것은 어른에 대한 예의와 부모에 대한 공경을 배우는 것이 아주 중요하다.

아이에게 배려를 가르치기 위한 방법은 아이가 다른 사람을 돕는 행동을 할 때 칭찬하는 것이다. 다른 사람을 돕는 행동에 대해 구체적으로 칭찬 받을 때 아이는 배려라는 것을 알 수 있다.

"친구가 장난감 정리하는 것을 도와주다니 너무 멋지다."

"다른 사람을 위해 화장실 실내화를 가지런히 놓아주다니 대단하다. 덕분에 다른 사람들이 편하게 화장실에 갈 수 있겠다."

칭찬을 통해 어떤 행동이 다른 사람을 위한 행동인지 배우는 것이 가능하고 다음에도 배려하기 위한 행동을 할 것이다.

과도한 배려를 일삼는 엄마가 기억해야 할 것은 아이들의 모든 순간을 함께 해야 한다는 생각을 버려야한다는 것이다. 모든 것을 해줄 수 없는 순간이 오면 엄마는 아이에게 죄책감이 생긴다. 엄마와 아이는 각자의 일에 집중해야한다. 각자의 일에 집중하고 서로의 도움이 필요한 순간에 교감을 나누는 것으로 충분하다. 아이를 위해 하나라도 더 챙겨주고 손이 간다고 해서 좋은 엄마가 아니라는 것을 기억해야한다.

아이 스스로 하나라도 더 선택하고 경험하게 할 수 있는 기회를 제공하자. 스스로 선택하는 아이는 자존감이 높아진다.

자존감이 높은 아이는 엄마를 존재 자체만으로 감사하다고 생각한다.

칭찬의 긍정적 효과

★자신감을 가지고 긍정적 사고가 가능해진다.

★부모와 아이의 관계가 돈독해진다.

★옳은 행동과 그렇지 않은 행동 구분이 가능하고 바람직한 행동을 위해 노력한다.

07
때로 실패를 경험하게 하라

유명한 속담 중에 '실패는 성공의 어머니다' 속담을 들어 본 적이 있는가?

아이들도 실패를 경험하고 얻는 깨달음으로 자존감이 높아진다. 한 번도 실패를 경험하지 않은 아이는 자랄수록 작은 실패에도 겁을 먹는다. 때문에 큰 실패가 오면 더 크게 좌절하게 된다. 작은 실패를 경험하고 자존감을 높여야 큰 실패에도 좌절하지 않는다.

《인지니어스》의 저자 티나실리그는 실패를 권장하는 환경을 만들어야한다고 말한다. 실패한 실험은 실행 불가능한 경로를 차단시켜준다는 점에서 아주 소중하다고 한다. 전에 하지 않았던 무언가를 시도할 때는 실패도 창조적 과정의 불가피한 일부라는 것이다.

그러나 내 아이의 실패에 유독 예민하게 반응하는 엄마가 있다.

지수 엄마는 어린이집에 등원한 지수가 걱정스러운지 매일 선생님에게 전화해서 오늘 지수가 어떤 기분으로 무엇을 했는지 확인한다. 어떤 것을 배우고, 왜 혼이 났는지, 어떤 칭찬을 받았는지, 어떤 음식을 먹었는지, 친구와 싸우지 않았는지 등에 대해 모두 알고 싶어한다. 선생님뿐만 아니라 지수에게도 직접 확인하는 이유는 지수가 작은 일에도 상처받고 좌절하는 것을 걱정하기 때문이다.

또 다른 엄마는 중 · 고등학생이 된 아이에게도 과하게 관심을 가진다. 나는 승급교육을 받으러 간 교실에서 앞에 앉은 교사가 딸아이와 통화하는 내용을 우연히 듣게 되었다. 앞에 앉은 교사는 아이가 어디에 있는지, 뭐하고 있는지, 뭐 할 건지에 대해 일일이 물어봤다. 전화기 너머로 아이가 엄마에게 짜증을 냈지만 엄마는 지지 않고 물어보며 알아내기 위해 노력했다. 잠깐 들은 통화내용이었지만 짜증스러운 목소리에서 아이의 답답함이 느껴져서 안타까웠다.

최근에는 과하고 지나치게 아이를 보호하는 엄마를 칭하는 말로 '과잉보호맘'이라는 말이 생겨났다. 부모가 아이의 실패를 미리 차단하고 경험하지 못하게 보호하는 것이다. 그러나 과잉보호로 인해 아이는 자존감이 낮아지고 도전하고 싶은 용기를 키우지 못한다.

우리는 수없이 많은 것을 도전하고 실패를 경험하면서 성장한다. 그리고 아무것도 하지 않는 아이보다 새로운 도전을 하는 아이가 더 많은 것을 배운다. 실패와 시행착오를 통해 더 큰 성공의 성취감을 얻듯이 자존감도 실패경험과 성공경험이 모여서 자존감을 높인다. 도전하는 아이에게 용기를 주자. 용기 없는 아이를 응원하는 것이 부모의 역할이다.

〈아빠 어디가〉라는 TV프로그램에서 가수 윤민수 아들 윤후는 그날 처음 두발 자전거를 타게 됐다. 후는 처음 타는 두발 자전거에 겁을 먹고 긴장하는 모습을 보였다. 후가 자전거를 타며 "못해, 못해"라는 말을 남발하자 아빠는 포기하지 말라고 말하며 격려한다. 후는 아빠의 응원에 넘어지고 실패해도 계속 도전한다. 그리고 마침내 후는 실패를 반복한 끝에 자전거 타기에 성공한다. 윤후 아빠는 못한다는 소리에도 포기하지 않고 도전할 수 있게 채찍과 당근의 말로 응원한다.

후를 보며 내가 6살 때 처음 자전거를 배웠을 때가 생각났다. 나는 아파트 단지 넓은 공터에서 또래 친구들과 바퀴 4개 달린 자전거를 타며 자주 놀았다. 그런데 7살이 되고 시간이 지날수록 친구들의 자전거는 점점 두발 자전거로 바뀌었다. 나는 나만 두발 자전거를 탈 줄 모른다는 생각에 초조하고 불안했다. 나도 빨리 두발자전거가 타고 싶었다. 오빠의 두발자전거를 빌려 타서 연습했지만 쉽지 않았다. 넘어지고 실패하기를 반복했다. 성공하면 두발 자전거로 바꿔 준다는 아빠의 말에 열심히 연습했지만 초조할수록 더 실패했다. 점점 더 두발자전거로 바꿔 타는 친구들이 많아질수록 좌절과 서러움을 느꼈다.

그러나 나는 계속되는 실패에 포기하고 마음을 비웠다. 포기하고 다시 네발자전거를 타는 동안 두발 자전거를 탈 때의 느낌을 떠올리며 탔다. 덕분에 중심이 잡히는 느낌을 느낄 때도 있었다. 나는 한 달 후에 다시 두발자전거에 도전했다. 흔들리는 핸들을 붙잡고 넘어지지 않도록 발을 디디며 연습했다. 나는 실패를 여러 번 반복하고 나서야 비틀대면서 두발자전거 타기에 성공할 수 있었다.

처음 두발자전거를 타는 것에서도 많은 실패경험을 겪어야 성공경험을 할 수 있다. 모든 것을 처음부터 잘하는 사람은 없으며 실패경험을 통해 노하우를 습득한다. 수많은 시행착오와 실패를 경험하는 아이가 자전거 타기에 성공할 수 있다. 매번 실패하는 아이에게 포기 하는 것보다 도전 끝에 성공하는 아이로 키우는 것이 중요하다. 실패와 성공경험을 통해 자존감이 높아진 아이는 더 큰 도전에도 용기 있게 행동하는 아이가 된다.

실패가 누적되면 자신감과 자존감이 떨어질 수 있다. 낮은 자존감으로 인해 의욕과 도전의식이 낮아진다. 실수와 실패에 대해 부정적으로 생각하게 된다.

나는 어렸을 때 엄마에게 들은 단 한마디로 실수에 대한 트라우마가 생기기도 했었다. 항상 실수해도 괜찮다 말해주거나 응원해주던 엄마에게 단 한번 실수에 대한 부정적인 말을 들은 것이다. 내가 중학생 때 학교 시험을 치고 나서 엄마에게 실수로 틀린 것을 보여주며 실수해서 그랬다고 말했더니 엄마는 이렇게 반응하셨다.

"그러게 왜 실수를 하고 그래, 실수하면 안 되지. 제대로 안 봐서 그렇지"

엄마에게 실수 한 것을 보여주며 위로 받고 싶었던 나는 엄마가 말한 것으로 인해 실수에 대한 트라우마가 생겨버린 것이다. 그 이후로 나는 실수하는 것에 대한 질책을 받는 것이 항상 두려워졌다. 나에게 실수는 용납할 수 없는 것이 된 것이다. 때문에 일할 때에도 실수로 인해 지적받는 경우 창피하고 내 자신이 원망스럽게 느껴지기도 했었다. 급하고 바쁜 날일수록 실수하지 않는 완벽한 사람이 되기 위해 항상 신경을 곤두세우고 일하기도 했다. 다른 사람이 실수하는 경우에도 위로하기 보다는 질책하는 마음이 앞섰다.

하지만 시간이 지날수록 점점 스스로에 대한 믿음이 강해지고 자존감이 높아지면서 실수에 대해서도 부드러운 사람이 된 것 같다. 실수해도 괜찮다는 마음을 가지게 된 것이다. 실수는 누구나 하는 것이며, 실수하는 것으로 배울 수 있는 것이 많다는 것을 알게 되었다. 실수를 인정하니 마음이 편했다. 또한 누구도 나에게 실수에 대해 크게 질책하지 않는다는 것을 알게 되기도 했다. 오히려 내가 실수에 대한 트라우마로 인해 스스로를 질책하고 자존감을 깎아내리는 생각을 했던 것이었다.

때로 실패와 실수를 경험하는 아이로 키워야한다. 또한 실패와 실수를 경험한 아이에게 실수해도 괜찮다, 다시 잘 할 수 있다는 용기를 줄 수 있어야 한다. 실패와 실수는 누구나 하는 것이지만 아이에게 실수에 대한 부정적인 생각을 심어주는 것을 조심해야한다. 실수와 실패에 대한 부정적인 생각이 충분히 할 수 있는 일도 쉽게 포기하게 만드는 것이다.

그렇다면 이미 실패를 두려워하고 자존감이 떨어진 아이를 위해서는 어떻게 지도해야 할까? 아이의 작은 성공들을 칭찬하는 것이다. 아이를 자주 관찰하고 용기 있는 행동에 대한 칭찬이 필요하다. 내가 실수에 대한 트라우마가 있었지만 극복 할 수 있었던 이유는 괜찮다 위로 받고 응원 받았기 때문이다. 나의 엄마 또한 단 한 번 실수에 대한 질책을 한 이후로는 다시 그런 말을 하지 않았다. 지금은 엄마 또한 그때의 상황에서 다른 예민한 문제가 있었기 때문에 그렇게 말했다고 생각한다. 나의 실수와 엄마의 실수 모두 이해하고 용서하게 된 것이다.

아이는 부모의 긍정적인 말을 통해 자존감이 높아진다. "처음 해보니 힘들지? 그래도 포기하지 않고 노력하는 모습이 정말 멋지구나!"라는 말을 통해 아이의 감정을 공감하고 이해해야 한다.

완벽하지 않기 때문에 누구나 실수한다는 것과 부모 또한 실수한다는 것을 아는 것도 좋다. 자신의 부모도 실수한다는 것을 알면 아이 또한 실수에도 큰 거부감 없이 받아들일 수 있다.

처음부터 잘하는 아이는 없다. 누구나 실패를 경험한다. 작은 일에도 칭찬하고 격려하는 습관이 아이의 자존감을 높인다. 때론 아이에게 실패를 경험하게 하고 실패하는 경험을 통해 더 가치 있는 것을 배우게 하는 것이 중요하다.

칭찬하는 기술

★ '잘했다'라는 식의 평가가 들어간 칭찬하지 않기 – 평가가 들어간 칭찬은 자신의 행동이 부모의 판단 기준으로 적합한지 눈치를 보게 한다.

★ '이렇게 열심히 했다니 대단하다'라는 식으로 아이의 행동과정 칭찬하기.

08
다 채워주지 말고 부족함을 느끼게 해라

5세 아이 중에 도현이라는 아이가 있었다. 도현이는 엄마와 아빠, 형 그리고 할머니, 할아버지가 한집에서 함께 산다. 도현이네 부모님은 회사에 다닌다. 때문에 부모님이 회사에 갔을 때는 할머니가 도현이와 형을 보살핀다.

도현이네는 도현이와 형에게 아끼지 않고 모든 것을 해준다. 엄마는 회사에 다니면서 직접 챙겨주지 못하는 미안한 마음에서 다 채워주고 싶어 한다. 할머니도 예쁜 손주들을 위해 하나라도 더 챙겨주고 싶어 한다.

도현이는 겉으로 보기에 듬직하고 걱정이 없다. 부족함 없이 자라서인지 다른 사람에게 베푸는 것도 좋아한다. 한번 씩 교실 친구들과 다 같이 나눠먹기 위해 과자를 들고 오는 경우도 많았다. 쑥스러움이 많지만 관심과 사랑 받는 것을 좋아한다.

그러나 도현이에게도 문제가 있었다. 고집이 아주 강하다는 것이었다. 도현이는 자신이 원하는 것이 있으면 얻을 때까지 떼를 쓴다. 이루어지지 않거나 자신의 마음에 들지 않으면 울며 소리를 지르거나 짜증내며 겉으로 화를 분출한다.

내가 도현이를 만나서 같은 반이 된 후 일주일 쯤 지났을 때 사건이 생겼다. 할머니가 말하길 도현이가 어린이집에 다니기 싫다고 말했다는 것이다. 나는 도현이가 교실에서는 아무 일도 없었기 때문에 이유가 궁금했다. 할머니 말씀은 도현이가 선생님이 무섭다고 말했다는 것이다.

그 말을 듣고 나는 한 가지 일이 떠올랐다. 며칠 전 도현이의 행동에 주의를 주기위해 눈을 보고 "그렇게 하면 안되"라고 단호하게 말했던 것이 생각난 것이다. 처음 만나서 어색한 선생님께 주의를 받자 선생님이 자신을 싫어하고 무섭다고 생각한 것이다. 나는 할머니께 있었던 일을 설명한 후 다음날 도현이를 잘 타일러 보겠다고 말했다. 다음날 아침에도 도현이는 울면서 어린이집에 가지 않겠다고 떼를 쓰며 등원했다. 하지만 나는 도현이와 단둘이 며칠 전 있었던 일에 대해 대화를 나누고 관계회복을 위해 노력했다. 며칠은 도현이도 이해했는지 조용하게 어린이집에 등원했다.

그러나 다시 며칠이 지나자 도현이는 다시 어린이집에 가지 않겠다며 울고 소리 지르는 행동을 했다. 나는 또 다시 이유 없이 떼쓰는 행동에 당황스러웠다. 할머니께서는 나를 이해시켜주기 위해 도현이가 4살 때에도 그랬고, 도현이의 형도 이런 적이 있다고 말씀하셨다.

알고 보니 도현이는 선생님의 관심과 사랑을 바라고 있었던 것이다. 선생님이 자신을 좋아하지 않고 선생님의 사랑이 부족하다고 느낀 것이다. 도현이는 선생님에게 다른 친구들과 다른 특별함을 바라고 있었다. 때문에 떼를 쓰고 소리 지르며 자신에게 더 많이 관심 가져주길 바라는 마음을 표현하는 것이다. 이유를 알게 된 나는 도현이를 특별하게 대하기 위해 노력했다. 친구들 모르게 도현이를 안아주거나 애정을 표현했다. 그러자 시간이 지나면서 도현이도 선생님이 자신을 특별하게 생각하고 좋아한다고 느꼈는지 더 이상 울며 떼쓰지 않게 되었다.

하지만 도현이는 그 이후에도 나를 난감하게 하는 경우가 많았다. 예를 들어, 이야기 나누기시간에 발표하고 싶은 아이를 부르면 도현이는 항상 당당하고 씩씩하게 손을 들고 발표한다. 그러나 시간이 부족해서 도현이를 부르지 못하고 넘어가는 경우에는 선생님을 원망가득한 눈으로 바라본다. 선생님에게 자신의 화난 감정을 숨기지 않고 표현하는 것이다. 또한 잘못된 행동을 지적하거나 교실 규칙을 지키기를 지적하는 경우에도 자신의 나쁜 기분을 숨기지 못한다. 선생님을 노려보거나 활동을 하지 않는 등의 행동으로 감정을 표현하는 것이다.

도현이는 가정에서 부모님과 할머니에게서 부족함을 느껴보지 못했다. 가정에서 떼를 쓰고 소리 지르면 원하는 것을 이룰 수 있었기 때문에 어린이집에서도 똑같이 행동하는 것이다. 이렇게 떼쓰고 소리 지르는 아이를 어떻게 대처해야 할까?

처음엔 도현이의 어린이집 적응을 위해 떼를 쓰는 경우 달래주기 위한 노력을 했다. 그러나 나는 도현이가 어린이집에 잘 적응하고 선생님과의 관계도 돈독해진 후에는 도현이가 떼를 쓰는 경우에도 받아주지 않았다. 모든 것을 자신이 이루고 싶은 뜻대로 이루려고 하는 태도에 단호하게 행동했다. 해보고 싶은 것은 다 채워주며 맞춰주기 보다는 자신의 뜻대로 이루어질 수 없는 것이 있다는 것을 알려준 것이다. 처음에는 선생님을 노려보는 경우도 많고 울며 떼쓰는 일이 자주 있었다. 하지만 시간이 갈수록 도현이는 안 되는 것에 떼쓰지 않고 더 의젓한 행동을 하기도 했다.

도현이 할머니도 처음에는 도현이에게 부족함 없이 다 해주며 모든 것을 채워주는 육아를 했다. 하지만 아이들에게 좋지 않은 영향을 준다는 것을 느끼고 안 되는 것은 떼를 써도 단호하게 들어주지 않기 위해 노력한다고 하셨다. 지나치게 울며 떼쓰는 경우 매를 들어 혼내기도 하셨다고 한다. 도현이는 남을 위해 배려할 줄 아는 아이였다. 때문에 시간이 갈수록 안 되는 행동에 규칙을 세우고 일관성 있는 육아로 도현이를 더욱 의젓하게 만드는 것이 가능했다.

물론 안 되는 행동에 제재만 가하는 경우 아이는 실망감이나 답답함을 느끼게 될 수 있다. 아이의 행동을 바꾸기 위해서는 훈육보다 중요한 것이 아이를 위한 칭찬과 올바른 애착관계를 맺는 것이다. 도현이가 잘하는 행동에는 아낌없이 칭찬하는 것이 중요하다. 규칙을 지킨 행동이나 다른 사람을 배려하는 행동에는 "대단하다", "멋지다" 등의 구체적인 칭찬이 이루어지는 것이 좋다는 것이다. 나는 도현이가 다른 친구를 도와주거나 선생님을 도와주는 경우에는 칭찬하는 것을 잊지 않았다. 하지만 도현이가 잘못된 행동을 하거나 자신의 기분대로 표현하는 경우에는 더욱 단호하게 주의를 주기도 했다. 그 과정에서 도현이가 더 기분이 나빠지거나 화난행동을 표현하는 경우가 많았지만 안 되는 것은 단호하게 안 되는 것이라고 말해줬다.

아이에게 부족함 없이 다 채워주는 것이 좋은 육아일까? 그러나 사람은 자라면서 환경이 변하고 원하는 것을 얻을 수 없는 상황이 생기기 마련이다. 원하는 것을 항상 얻던 상황에서 그렇지 못하는 상황이 생기는 경우 아이들은 익숙하지 않은 상황에 불안감이 생긴다. 울고 소리 지르며 화를 분출하기도 하며 반복되면 점차 자존감이 낮아지게 된다.

《선택의 조건-사람은 무엇으로 행복을 얻는가》의 저자 바스카스트는 부는 오히려 친밀한 관계에 걸림돌이 된다고 말했다. 부유한 사회에 살고 있는 사람들은 거의 모든 면에서 풍족함을 누리지만 단 한 가지 친밀한 상호관계에서는 그렇지 못하다는 것이다. 또한 더 많은 혜택을 누리지만 친밀한 상호관계의 결핍으로 인해 우리의 정신적 면역체계가 약화된다는 것에 동의했다. 부유한 사회에서 아이에게 모든 면에서 풍족함을 누리도록 키울 경우 아이들은 오히려 사람과의 친밀관계를 쌓지 못하게 된다는 것이다. 때문에 다 채워주는 풍족함 보다는 때론 부족함에 대한 소중함을 느끼며 자라도록 돕는 것이 좋다.

다 채워주기 보다는 살다보면 모든 것을 자신의 마음대로 할 수 없다는 것을 알게 하는 것이 중요하다. 부족함을 느낀 아이가 오히려 작은 것을 받아도 감사한 마음을 가지는 것이 가능해진다는 것이다.

허용 될 수 없는 것에 떼쓰고 소리치는 경우라면 부모는 아이의 요구에 절대 굴복해서는 안 된다. 아이가 떼를 쓰며 울다 지쳐서 스스로 멈출 때까지 충분히 소리 지르고 울도록 둬야 한다. 자신이 아무리 울어도 이루어질 수 없는 것도 있다는 것을 아는 것이 중요하다는 것이다.

하지만 어떤 엄마들은 아이가 우는 경우 다른 사람에게 피해를 주는 것이 걱정되어 아이의 요구를 모두 들어주는 경우가 생기기도 한다. 만약 우는 아이로 인해 다른 사람에게 피해를 주는 장소라면 아이를 조용한 곳으로 데리고 가는 것이 좋다. 아이들은 자신의 울음을 듣고 있는 사람이 적을수록 쉽게 진정한다. 울음이 오랫동안 지속되더라도 아이들은 하루 종일 울지 않는 다는 것을 기억하고 침착하게 아이가 진정되길 기다리는 것이 중요하다.

아이가 물건을 던지거나 다른 사람의 해를 가하는 행동을 하려는 경우에는 행동에 대한 강한제재가 필요한 순간이다. 어떠한 경우에도 아이의 공격적인 행동을 받아주는 것은 좋지 않은 모습이다. 시간이 흐른 뒤 아이가 진정하고 떼쓰고 소리 지르는 행동을 멈추면 부모는 아이를 다정하게 대해주는 것이 좋다. "오늘 장난감을 사고 싶었구나. 그런데 엄마가 오늘은 장난감을 사러 오는 날이 아니라고 말 해 줬었지? 이렇게 떼를 쓰고 울어도 오늘 약속은 지켜야 하는 거란다. 다음에 엄마와의 약속을 잘 지켜주면 장난감을 사러 나가도록 하자"라는 식으로 다정하게 아이를 이해하는 것이다. 아이가 원하는 것을 다음번에 행동하기로 약속하는 것도 좋은 방법이 될 수 있다.

아이들은 좌절을 경험하고 난 후에 다음에 바라는 것이 생겼을 때는 무작정 떼쓰지 않을 것이다. 부모와 적절하게 협상 하듯 요구하게 되는 것이다. 그럴 때는 떼쓰지 않는 아이를 칭찬하고 아이의 요구를 들어주기 위해 노력하는 것이 좋다.

존 그레이는 '더 많이 준다고 아이를 망치는 게 아니다. 충돌을 피하려고 더 많이 주면 아이를 망친다'라고 말했다.

많이 해주고, 덜 해주고의 차이는 크지 않지만 아이가 떼를 쓰고 소리치는 것을 바로 잡지 않는 것은 아이를 망치는 일이다. 부족함을 느껴보고 가진 것에 대한 소중함을 아는 아이가 행복하다. 물 컵에 물이 반만 있어도 감사함을 느낄 줄 아는 아이로 키워야한다. 작은 것의 감사함을 느끼고 긍정적으로 생각하는 아이가 자존감이 높다는 것을 기억하자.

칭찬하기 TIP

★사소한 일도 칭찬하기 (근사하고 큰 일을 해냈을 때만 하는 것이 아니라 일상에서 겪는 간단한 밥 맛있게 잘 먹기, 정리 깨끗하게 하기 등에도 칭찬하는 습관 가지기)

Chapter 04

엄마의 칭찬은 아이의 자존감을 키운다

현장에서 선생님은 아이들의 행동을 이렇게 바꾼다.

똑똑하게 칭찬하고 자신에 대한 믿음을 가진 현명한 아이로 키우는

칭찬의 기술!

01
칭찬 한마디가 아이의 행동을 달라지게 한다

"왜 이렇게 하루 종일 말썽이니?"

반에서 장난이 가장 심한 아이의 이름은 성민이다. 성민이는 수업시간이거나 바닥에 다 같이 앉아있는 시간이면 엉덩이를 가만히 두지 못한다. 들썩들썩 장난치고 싶어 어쩔 줄 모르는 것이다. 앞에서 선생님이 이야기를 하던지, 말던지 신경 쓰지 않는다. 혼자서만 신나서 자리에서 뱅글뱅글 돈다. 기분이 좋으면 갑자기 일어서서 점프를 하고 다시 앉는다. 옆에 있는 친구, 뒤에 있는 친구를 쿡쿡 찌르며 장난을 걸기도 한다.

보다 못한 나는 성민이를 지적하며 수업시간에 친구들의 집중을 방해하는 행동을 하지 말라고 경고한다. 그러나 지적을 받아 더 기분이 나빠졌는지 눈치를 보면서도 성민이의 행동은 더 심해진다. 바뀌지 않는 성민이의 태도에 나도 기분이 나빠진다. 성민이와 나는 하루 종일 서로 눈치싸움을 하고 좋지 않은 기분으로 하루를 보내게 된다.

아침부터 혼난 아이도 아이를 혼낸 선생님도 하루 종일 기분 나쁜 상태로 하루를 보내게 되고, 나는 성민를 다독이지 못하고 혼낸 것에 대해 미안함을 가지게 된다. 아침에 출근할 때는 아이들에게 칭찬을 많이 하겠다는 다짐으로 나서지만 막상 심하게 장난치는 성민이를 보고 욱하게 된다. 기분 좋게 등원한 성민이도 자신에게 혼을 낸 선생님이 원망스러울 것이다.

아침부터 수업시간에 장난치는 아이를 혼내지 않고 아이의 태도를 좋게 만드는 방법은 없을까? 나와 성민이의 기분을 동시에 좋게 만드는 방법은 바로 칭찬이다. 성민이는 장난이 심한 아이라는 것을 인정하고 칭찬으로 아이의 행동을 달라지게 만드는 것이다.

"성민이가 오늘 기분이 좋구나. 성민이 기분이 좋아서 선생님도 기분이 좋아. 그런데 바르게 앉아서 이야기를 들어준다면 더 기분이 좋을 것 같구나."

지적을 받았지만 자신의 기분을 이해하고 공감해주는 선생님에게 감사함을 느끼고 바른 자세를 위한 노력을 할 것이다. 성민이가 자세를 바꾸고 수업에 집중하는 태도를 보이면 다시한번 더 크게 칭찬하는 것이 좋다.

"와, 성민이는 정말 멋진 자세로 수업을 듣는구나. 성민이가 멋지게 행동하니 선생님이 더 기분이 좋다."

하루의 아침을 칭찬으로 시작한다면 아이는 하루 종일 기분이 좋을 수도 있다. 뿌듯한 마음에 어깨가 으쓱해진다. 어떤 아이들은 칭찬받는 경우 스스로를 자랑스럽게 여기고 엄마에게 자랑하기도 한다. 아침에 칭찬 받은 아이는 계속 칭찬받고 싶어서 더 멋지고 바른 행동을 찾아다닌다. 수업시간에 선생님 말에 더 집중하거나 정리시간에 정리를 열심히 하는 행동을 하는 것이다.

저자 리 캐롤 · 얀 토버의 《인디고 아이들》에서는 아이들에게는 한계설정과 가이드라인이 필요하다고 말한다. 아무런 한계와 가이드라인도 없이 아이들의 그릇된 행동을 허용한다면 그것은 아이에게 도움이 전혀 되지 않는다고 한다. 한계가 정해질 때 아이들은 자기 통제를 배울 수 있으며, 조화로운 공동체가 유지될 수 있다고 말한다.

칭찬이야 말로 아이들의 행동을 바꾸는 가이드라인이 되어주는 것이다. 말썽 부리는 아이도, 장난이 심한 아이도 칭찬 한 마디로 행동을 바꿀 수 있다. 칭찬받은 아이는 장난치고, 말썽 부리는 에너지를 멋진 행동을 위한 에너지로 전환한다. 자신이 할 수 있는 바른 행동이 어떤 것이 있을까 찾는 데에 에너지를 사용하는 것이다.

아이들은 심부름을 좋아한다. 사소한 것이라도 선생님을 도울 수 있는 것이 무엇인지 고민한다. 어떤 아이들은 선생님에게 "선생님,

필요한 게 있으면 제가 도와드릴게요. 저는 심부름을 좋아해요"라고 말한다. 간단한 심부름이라도 아이들은 즐거운 마음으로 도와준다. 나는 특히 산만한 아이들에게 일부러 심부름을 더 많이 시키기도 한다. 산만한 아이는 가만히 있는 것이 더욱 힘들다. 때문에 아이에게 무언가를 지시하고 시키는 것으로 장난치는 시간을 줄이고 돕는 것에 에너지를 사용할 수 있게 한다. 남을 돕는 심부름을 통해 아이는 배려하는 마음을 배우고 칭찬으로 자존감을 높이는 것이다.

소심한 아이에게도 칭찬은 효과적이다. 소극적인 아이들은 얌전하다는 표현을 자주 듣는다. 자기주장이 부족하고 나서기를 부끄러워해서 발표력이나 표현력이 부족하다.

나는 소심한 아이들의 적극성을 키워주기 위해 적극적으로 행동 했을 때 더 크게 칭찬한다. 소심한 아이들이 발표하기 위해 앞에 나오면 말을 할 수 있는 상황까지 충분히 기다려주고 자신감을 가지고 말하는 모습에는 크게 칭찬하고 격려한다. 소심한 아이가 편안하게 말할 수 있도록 격려하고 이해해 주는 것이 중요하다. 실수하더라도 격려해주고 적극적인 행동에 아낌없이 칭찬하는 것이다.

내가 만난 소심한 아이 중에는 창수라는 아이가 있었다. 창수는 친구들과 어울려 노는 것에도 어려움을 느낀다. 자신이 놀자고 말하면 친구들이 싫어할 것이라고 생각한다. 다른 친구가 먼저 다가와서 놀자고 말해야 어울려서 논다.

미술이나 활동지시간에도 소심한 모습을 보인다. 가족을 그려보는 활동이 주어지는 경우 미술활동에 자신이 없는 창수는 가족을 그릴 줄 모른다고 걱정하며 눈물을 보인다. 처음 하는 경험이나 자신 없는 일이 있을 때마다 창수는 눈물을 보이고 걱정부터 하는 것이다.

처음에는 창수를 위해 그림 그리는 것을 많이 도와주었다. 창수가 울지 않고 스스로 할 수 있을 때까지 격려했다. 함께 활동을 끝내면 완성한 작품을 보고 칭찬을 아끼지 않았다. 창수는 이제 칭찬받고 자신감이 붙어 어떤 그림의 주제가 주어져도 울지 않고 활동한다.

만약 창수처럼 자신감이 부족해서 친구에게 먼저 놀자고 말하지 못하는 아이가 있다면 방법을 알려주면 된다. 먼저 놀자고 말해도 친구가 싫어하지 않을 거라는 자신감을 심어주면 된다. 아이들은 칭찬과 격려를 통해 도전하고 행동하는 힘이 생긴다. 도전과 실행을 통해 아이들의 자존감이 높아진다.

아이들과 똑같은 하루를 보내다 보면 익숙함에 흐트러지고 유독 기운 빠지는 날이 있다. 아이들도 나도 기운 없는 날에는 기분을 전환시켜 주는 무언가가 필요하다. 그럴 때 나는 아이들에게 칭찬을 한다. 평소와 같은 행동에도 "와~! 오늘따라 친구들 모두 말도 잘 듣고 멋지게 행동 하는구나"라고 칭찬하는 것이다. 아이들은 그 말에 정신이 번쩍 들고 더 칭찬받고 싶은 마음이 생긴다. 흐트러지고 기운 없는 날이라도 기분 좋은 날로 바꾸는 것은 칭찬으로 가능해지는 것이다.

똑같은 하루를 보내는 중에도 유독 말을 잘 듣는 날도 있다. 척하면 척, 수업에 집중을 잘하고 정리시간에 정리를 잘한다. 이럴 때에도 놓치지 않고 칭찬을 하자. "우리 반에 멋지게 행동하는 친구들이 이렇게 많았구나~ 모두 장난감 정리도 열심히 잘하고, 교실에서 뛰지 않고 걸어 다니는 친구들이 많아서 선생님 기분이 너무 좋구나"라고 칭찬하는 것이다. 아이들 전체 행동을 보고 칭찬하는 것으로 반 전체의 행동을 극대화시킬 수 있다. 덕분에 아이들도 선생님도 모두 기분 좋은 하루가 된다.

말 안 듣는 아이, 소심한 아이들의 행동을 바꾸는 것은 어렵지 않다. 내 아이를 위한 칭찬 한마디면 충분하다. 엄마의 칭찬은 아이의 자존감과 자신감을 키운다. 칭찬은 아이가 자라는 데 필요한 기본요소다. 우리가 화장을 위해 기본으로 스킨과 로션을 바르듯이 아이가 자라기 위한 기본요소는 사랑을 담은 칭찬 한마디다.

칭찬하기 TIP

★행동과정 칭찬하기 - 아이의 올바른 행동이 지속되고 계속 잘 할 수 있도록 동기를 부여해주는 칭찬은 결과를 칭찬하는 것이 아닌 노력한 과정을 칭찬하는 것으로 가능하다.

02
칭찬 할 게 생겼을 때 즉시 칭찬하라

칭찬은 아이의 긍정적인 행동을 극대화하고 부정적인 행동에는 아이의 행동을 교정하는 효과가 있다. 아이에게 훈육이나 칭찬을 할 때는 상황이 지나간 이후보다 행동이 일어난 즉시 이루어지는 것이 좋다. 즉시 칭찬을 하는 경우 기쁨이 배가 되고 아이들의 기억에 더 오래 남게 된다. 반면에 행동이 일어난 후 나중에 칭찬하는 경우에는 아이에게 이미 그 일의 의미가 절반은 사라진 상태다. 때문에 칭찬이나 훈육이 이루어져도 아이가 이해하기 힘들며 그 의미가 반감되는 것이다.

아이들은 항상 위험한 상황에 자주 노출된다. 어떤 아이들은 위험한 상황을 스스로 만들어내서 행동하기도 한다. 호기심 많은 아이들의 위험행동을 고칠 때 우리는 아이들에게 위험 행동을 짚어주며 하지 못하도록 주의를 준다. 위험행동을 하지 않기로 약속하고 아이들이 그것을 지켰을 때는 즉시 칭찬하는 것이 좋다.

아이들이 자주 하는 위험한 행동에는 계단에서 뛰어다니는 행동 또는 높은 곳에서 뛰어 내리는 행동들이 있다. 아이의 위험행동이 보일 때는 단호하고 엄하게 절대 해서는 안 되는 행동이라는 것을 가르쳐야한다. 사고는 언제 갑자기 생길지 모르는 일이기 때문에 항상 조심해야 한다는 것을 강조하는 것이 중요하다.

계단에서 뛰어다니는 행동에 대한 위험성을 가르치기 위해서는 먼저 동화나 그림을 통해 가르칠 수 있다. 그림을 보며 계단을 뛰어다니면 일어날 수 있는 사고에 대해 이야기를 나누는 것이다. 그림과 영상을 보는 것으로 직접 경험하지 않아도 계단에서 뛰어다니면 크게 다치거나 병원에 갈 수 있다는 것을 알 수 있다.

그러나 아이들은 미리 예방법을 배워도 실제 상황이 생기지 않으면 위험성을 실감하지 못한다. 때문에 아이가 계단에서 뛰어다니는 행동을 할 때는 안 되는 행동에 대한 강한 훈육이 필요하다.

엄마는 평소에 아이에게 훈육할 때 훈육의 강약을 조절할 줄 알아야한다. 위험한 상황을 훈육하는 경우에는 평소보다 강하게 말함으로써 아이가 상황의 심각성을 깨달을 수 있도록 해야 한다.

위험한 행동을 많이 하는 아이의 행동을 교정할 때는 위험한 행동을 하지 않을 때를 칭찬해야 한다. 예를 들어, 놀이터에서 노는 아이들 중에 미끄럼틀을 거꾸로 올라가는 행동을 자주 하는 아이가 있었다. 미끄럼틀을 거꾸로 올라가는 위험한 행동을 하는 아이를 효과적으로 교정하는 방법은 거꾸로 올라가지 않고 계단으로 바르게 올라가는 순간을 칭찬하는 것이다. 아이는 자신이 의도하든 의도하지 않았든 계단으로 올라간 것에 대한 칭찬을 받는 것으로 위험한 행동의 습관을 고치는 동기부여를 얻는 것이다.

위험 행동에 자주 노출되는 활동적인 아이들은 주로 대근육을 많이 사용하는 게임을 통해 자신감을 얻는다. 달리기나 힘쓰는 일에 즐거움을 느끼는 것이다. 때문에 이런 아이들에게는 소근육을 사용하거나 다른 조용한 영역에서 놀이하는 경우를 칭찬하는 것이 좋다. 자신 없는 영역에서 놀이해도 칭찬 받을 수 있다는 것을 깨닫게 하는 것이다. 자신에게 자신 없는 소근육 놀이에 참여함으로써 자신감과 자존감을 키우는 것이 가능하다.

아이들 중에 손톱을 물어뜯는 버릇을 가진 아이가 있었다. 경민이 엄마는 경민이가 손톱을 자주 물어뜯는 것을 걱정한다. 엄마는 선생님께도 경민이가 손톱 물어뜯는 버릇을 고칠 수 있도록 주의 주길 부탁했다.

손톱을 물어뜯는 아이들의 원인은 치아가 나기 때문이거나, 손톱 물어뜯는 행동을 하나의 놀이로 생각하기 때문이다. 또는 동생이 생기거나 지나친 스트레스를 받는 경우 불안감 해소를 위해 손톱을 물어뜯기도 한다.

나는 경민이가 손톱을 물어뜯는 것의 원인이 지나친 스트레스 때문이라고 생각됐다. 그 이유는 경민이는 항상 어린이집에서 하원 후에 집에 가면 학습지 공부를 하고 경민이와 두 살 차는 동생으로 인해 엄마에게 소외당하고 있었기 때문이다.

보통 손톱을 물어뜯는 아이의 나이는 대화가 통하는 시기의 3-4세 이상의 아이들이다. 이 시기 아이들에게 손톱을 물어뜯는 행동에 대해 야단을 치기보다는 물어뜯으면 안 되는 이유를 설명하는 것이 좋다. 아이가 손톱을 물어뜯는 것의 대부분은 무의식중에 일어나는 일이 많다. 자신도 모르게 손톱을 물어뜯으려고 하는 아이를 위해 슬그머니 입에서 손을 떼어주는 것이 좋다. 손톱을 물어뜯지 않기 위해 의식적으로 노력하는 모습을 보일 때는 그 즉시 칭찬으로 아이의 행동을 격려해야 한다.

경민이의 경우에는 손톱을 물어뜯는 행동을 고치는 것과 동시에 엄마의 사랑과 관심이 요구된다. 아이에게 지나친 교육은 불안감과 나쁜 버릇을 만들기도 한다. 엄마는 경민이의 손톱을 물어뜯는 버릇을 고치기 위해 함께 손 놀이나 종이 접기, 그림 그리기 등 손을 바쁘게 움직이는 놀이를 함께 하며 애착을 쌓는 것이 좋다.

칭찬은 아이들의 위험한 행동을 바로잡기 위해 사용되기도 하지만 버릇이나 습관을 바로 잡는 것에 사용되기도 한다. 특히 버릇이라는 것은 무의식중에 자신도 모르는 사이에 하는 행동이다. 때문에 좋은 버릇과 습관을 들이기 위해서는 칭찬이 중요하다. 좋은 버릇에는 칭찬으로 행동의 수준을 높이거나 장점으로 키울 수 있으며 나쁜 버릇에는 적절한 훈육과 칭찬으로 아이의 행동을 바로 잡을 수 있다. 자존감을 높이기 위해 아이의 좋은 버릇과 습관을 들이는 것은 중요하다. 칭찬 할 행동이 보였을 때 즉시 칭찬하는 것으로 아이의 자존감을 높여 줄 수 있다.

나쁜 버릇을 바로잡고 좋은 습관을 만들어 주기 위해서는 아이를 위해 항상 일관된 방법으로 습관을 고치기 위해 노력해야한다. 똑같은 행동을 하는 경우에도 때에 따라 허용되는 범위가 다를 경우 아이에게 혼란을 줄 수 있다. 규칙과 도덕성이 자라는 시기에는 엄마가 제시하는 기준에 일관성이 있어야한다. 나쁜 버릇을 고치기 위해 노력하는 아이에게는 항상 칭찬으로 아이의 행동을 격려하고 응원해야 한다.

《엄마, 나는 놀면서 자라요》의 저자 데보라 페인, 몰리 헬트, 린 브레넌, 마리앤 바튼은 부모가 아이들에게 무언가를 가르치거나 긍정적인 행동을 자주 할 수 있도록 유도하는 좋은 방법은 칭찬 등의 보상을 해주는 것이라고 말했다. 아이가 그 행동을 함으로써 즐거움을 느끼게 하는 방법은 보상이며 자연스러운 함박웃음이나 칭찬을 해주는 것으로도 아이의 긍정적인 행동을 유도하는 것이 가능하다는 것이다.

칭찬에는 타이밍이 중요하다. 효과 있는 칭찬은 다음번에도 잠재력이 발휘된다. 아이의 잠재력과 자존감을 키우기 위해서는 보는 즉시 칭찬해야 한다.

불안으로 생긴 나쁜 습관을 고치기는 TIP

★나쁜 습관을 무작정 심하게 야단치고 억지로 못하게 하는 경우 더 큰 불안으로 부적절한 행동으로 이어질 수 있다. 짧게 주의를 주고 스스로 인식해서 고칠 수 있게 기다리기.

★나쁜 습관이 생긴 이유는 아이 내면의 불안감을 가지고 있기 때문. 어떤 속상한 일이 있었는지 대화를 통해 알아보고 아이마음 이해하고 공감해주기.

★나쁜 습관 이외에 재밌는 활동이 많다는 것을 알려주기. 사랑과 관심표현 많이 하기.

03
진심을 담아 있는 그대로 칭찬하라

아이들을 키우는데 칭찬만큼 좋은 것은 없다. 《영재공부》의 저자 제임스웨브, 엘리자베스 멕스트로스, 스테피니 톨란은 칭찬은 아이에게 스스로 능력을 갖추었다는 메시지를 전달하고 자신의 능력을 확신하고 책임감을 기르는데 효과적이라고 말한다.

하지만 진심이 없는 칭찬은 오히려 아이에게 좋은 효과를 주지 못한다. 가령 아이가 어린이집에서 엄마를 생각하며 열심히 엄마 얼굴 그림을 그려서 집에 오자마자 엄마에게 그림을 보여주며 자랑한다고 하자. 그러나 엄마는 바쁘다는 이유로 아이의 그림을 보지도 않은 채 "잘했어, 잘했어"라고 말한다. 아이는 과연 엄마가 잘했다고 하는 말을 진심으로 받아들일까? 자신의 그림을 보지 않은 엄마가 대충 넘어가기 위해 하는 말은 아이도 진심이 없다는 것을 느낄 수 있다.

앞의 상황처럼 엄마가 당장 아이의 결과물을 보고 진심이 담긴 칭찬을 할 수 없는 상황이 있을 수 있다. 그럴 땐 아이에게 엄마가 일하는 중이니 잠시 기다려 달라고 말하는 것이 좋다.

어떤 아이들은 교실에서 자신이 한 것을 보여주기 위해 나의 눈앞까지 가져와서 보여주는 경우도 정말 많았다. 내가 보지 못하는 상황이 있을 때는 내 상황을 이해하기 보다는 자신의 것을 더 가까이 가져와서 보여준다. 나는 다른 것을 하다가도 바로 눈앞에서 보이는 아이의 결과물을 보느라 시야가 차단되는 경우도 많았다.

아이들은 자기중심적인 생각이 강하기 때문에 타인의 상황을 읽는 능력이 부족하다. 자신에게 도움이 필요하면 다른 상황은 생각하지 않는다. 어른이 다른 일을 하고 있는 중이라서 대답을 못하는 경우가 있어도 아이는 자신이 중요하기 때문에 상대방이 자신의 말에 대답하지 않는 것만 생각한다. 아이를 상대하기 어려운 경우에는 상황을 말하고 기다려 달라고 말하면 그때서야 다른 사람의 상황을 살펴보고 기다리게 된다.

가끔은 너무 많은 아이들이 나에게 한꺼번에 와서 하고 싶은 말을 하는 경우가 있어 힘들 때도 있었다. 아이들은 내가 다른 친구와 대화하는 중에도 자신이 하고 싶은 말이 생각나면 내가 처한 상황을 신경 쓰지 않고 자신의 할 말을 전하는 데만 집중한다.

이러한 상황은 종종 생기는데 그럴 때마다 나는 아이들에게 한명씩 말해줘야 선생님이 들을 수 있다고 분명하게 말한다. 또한 자신이 원하는 것이 있으면 줄을 서서 말할 수 있도록 지도한다.

잘 기다려 준 아이에게 "우리 지윤이, 엄마가 빨래하는 동안 보채지 않고 잘 기다려줘서 고마워"라고 말한 뒤 아이가 자랑하기 위해 가져 온 그림을 보고 "우리 지윤이가 어린이집에서 이렇게 예쁘게 엄마를 그려줬구나! 알록달록 정말 예쁘다. 열심히 그려줘서 고마워"라고 말하는 것이다. 성의없는 칭찬과 진심이 없는 말은 아이를 힘빠지게 만든다. 진심이 아닌 말로 아이의 자존감을 높이는 것은 불가능한 일이다.

거짓된 칭찬을 하는 경우도 있다. 아이 스스로도 못그렸다고 생각하는 그림을 엄마가 보고 "어머~ 그림 너무 잘 그렸다. 대단해!"라고 말하며 거짓된 칭찬하는 것이다. 성의 없는 거짓된 칭찬은 오히려 대충 그린 그림에 부끄러움과 열등감을 느끼게 만든다. 부모의 거짓말을 지속적으로 느끼는 아이는 부모를 믿지 못하게 되거나 부모가 기대한 만큼 자신이 할 수 없다고 여기고 좌절하기도 한다.

지나치게 칭찬을 남발하는 경우에도 진심을 느낄 수 없다. 사람은 자신보다 높은 위치에 있는 사람에게 바라는 것이 있을 때 잘 보이기 위해 칭찬을 남발한다. 높은 사람은 그런 칭찬에 콧대가 높아지고 우월감을 느끼지만 그것은 잠시뿐이다.

아이에게도 의미 없는 칭찬을 남발하는 것은 좋지 않다. 과도한 칭찬을 들어 온 아이는 자신의 행동을 스스로 평가할 수 없게 된다. 또한 사회에 나가서 똑같은 행동에 칭찬 받지 못하는 경우 큰 좌절감에 빠지게 된다. 과도한 칭찬보다 진심을 담은 칭찬 한마디가 아이의 자존감을 높일 수 있다.

어떤 상황에서 아이에게 칭찬해야 하는지 모르는 부모도 있다. 효림이는 엄마가 시키는 심부름을 열심히 한다. 하지만 칭찬에 인색한 효림이 엄마는 아이가 심부름을 하거나 집안일을 도와줘도 효림이에게 고마움을 표현하지 않는다. 아이가 엄마 일을 도와준 것은 고마운 행동이다. 아이에게 심부름을 시켜 도움을 받든, 아이스스로 도움을 주었든 아이가 도와준 것을 당연하게 생각하기 보다는 진심을 담아 칭찬해야 한다. 아이가 엄마를 생각하고 도와준 행동에 고마운 마음을 표현하는 것이 아이의 자존감을 높일 수 있다.

나는 항상 작은 일도 도와주거나 옳은 행동을 하는 경우를 놓치지 않고 아이를 칭찬한다. 밥을 먹은 후 자신이 흘린 것을 정리하거나 도시락정리를 잘하는 것도 칭찬한다. 심부름하는 것을 도와주는 경우에도 당연하게 칭찬한다. "선생님 일을 도와줘서 너무 고마워. 열심히 도와준 덕분에 선생님이 너무 편하다."

화장실에서 줄을 잘서거나 교실에서 예쁘게 걸어 다니는 경우 등 아이들을 잘 관찰하면 모든 순간에서 칭찬할 거리가 생긴다. 아이들은 평범한 일상에서도 칭찬을 통해 더 멋진 행동, 바른 행동을 하기 위해 노력할 것이다. 그런 아이들에게 칭찬으로 고마운 마음을 표현하는 것이 아이들의 자존감을 높일 수 있다.

아이에게 진심으로 고마운 마음을 표현하고 도와줘서 고맙다고 칭찬하자. 아이들은 고맙다고 말하지 않으면 좋은 행동을 해도 모르는 경우가 있다. 어떤 행동이 타인을 위한 고마운 행동인지 칭찬을 통해 가르치는 것이다. 진심을 담은 칭찬 한마디로 아이들의 미래를 바꿀 수 있다. 도와준 행동에 대한 고맙다는 칭찬 한마디가 아이의 자존감을 키운다.

나는 교사로 있을 때 새로운 반 아이들과 만날 때마다 걱정하는 것이 있었다. 엄마들에게 아이가 '선생님이 무서워서 어린이집에 가고 싶지 않다'라는 말을 듣는 것이었다. 나는 아이들과 함께 하는 지내는 동안 아이들이 즐거운 마음으로 어린이집으로 등원하길 바란다. 내가 보고 싶어서든, 같은 반 친구들이 보고 싶어서든 아침에 눈을 뜨면 빨리 등원하고 싶은 마음을 가졌으면 한다. 주말이 되어도 어린이집에 가고 싶은 마음이 들었으면 한다.

그런 마음으로 오는 친구들도 많지만 몇 명의 아이들은 오고 싶지 않다고 말하는 경우도 있다. 문제없이 잘 등원하다가도 갑자기 그런 말을 하는 아이들이 있었다. 그러나 어린이집을 잘 등원하던 아이가 가기 싫다고 말하는 경우에는 항상 이유가 있다. 선생님이 무서워서 가기 싫다고 말하는 아이들의 대부분은 혼나고 난 다음날이었다. 밥을 부지런히 먹지 않거나 수업에 집중하지 않고 장난쳤기 때문에 혼이 났거나 화장실에서 장난치고 혼이 났기 때문에 가기 싫다고 말하는 것이다. 나는 아이들의 행동에 주의 주는 것에 신경 쓰느라 혼난 이후 아이들의 마음을 헤아려주지 못한 것이다.

그러나 나는 아이들에게는 항상 진심이 통한다는 것을 느꼈다. 무서움을 느끼고 등원하고 싶지 않다고 말하는 아이들의 마음을 돌리는 법은 진심을 전하는 대화를 나누는 것이다.

"오늘 선생님이 무서워서 오고 싶지 않았어?"라고 물어보면 아이들은 순수하게 고개를 끄덕인다. 그런 아이들에게 주의를 준 이유와 여전히 아이를 사랑하고 있다는 마음을 전하는 것이다. 진심이 통한 아이들의 마음은 거짓말 처럼 녹아서 더 돈독한 사이가 되기도 한다.

진심을 표현하면 아이들도 느낄 수 있다. 칭찬을 할 때에도, 훈육을 할 때도, 따듯하게 안아줄 때에도 진심으로 아이를 대하자. 엄마의 진심을 느끼는 아이가 자존감이 높아진다.

바른 아이로 키우는 훈육 TIP

★훈육은 혼내는 것이 아니라 아이에게 방향을 알려주고 가르치는 것이다.

★친구 물건을 뺏는 아이를 혼내는 것보다 친구와 사이좋게 노는 방법을 알려주는 것이 좋다.

04
결과보다 노력한 과정을 칭찬하라

아이들은 교실에서 다양한 결과물을 만들어낸다. 종이에 그림 그리기나, 재활용품을 이용해 만들기를 한다. 선생님과 한 달 동안 틈틈이 학습지를 배워서 완성하기도 한다. 결과물을 만들어낸 후에는 대부분 집에 가져가서 엄마에게 자랑하고 싶어 한다. 학습지를 다 완성한 후에는 얼른 집에 가져가고 싶어서 "오늘 집에 가져가는 날이에요?"라고 물으며 자신의 결과물에 기대감을 가진다. 아이들은 자신이 만들어 낸 결과물을 집에 가져가서 자랑하고 칭찬받고 싶어 하는 것이다.

활동의 결과물을 가져가는 아이들의 마음은 대부분 설레고 행복한 마음을 가진다. 하지만 똑같이 결과물을 집에 가져간다고 해도 집에서 아이들이 가져온 결과물을 대하는 부모의 반응은 모두 다르다.

어떤 집에서는 아이가 만들어낸 활동의 결과물을 보고 간단한 활동이라도 아주 격하게 반응한다.

"우와~ 어떻게 이렇게 그림을 잘 그렸니? 대단하다. 알록달록 예쁘게도 했구나"

아이는 엄마의 반응에서 자신의 결과물에 더욱 뿌듯함을 느끼고 자존감이 높아진다.

반면에 어떤 결과물을 가져가도 시큰둥하게 대하는 엄마도 있다. 시큰둥하게 대할 뿐만 아니라 아이가 가져온 결과물을 쓸모없는 것이라며 버리기도 한다. 아이가 열심히 그림을 그리고 만들어낸 활동의 결과물을 아이 앞에서 아무렇지 않게 버리는 것이다. 아이가 가지고 온 활동 결과물들 중에는 분명 필요 없는 것이 많고 오래 가지고 노는 것이 힘든 것들이 많다. 하지만 아이들은 교실에서 그 결과물을 만들어내기 위해 어떨 때는 하루 종일 그것을 손에 가지고 다니는 경우도 있다. 선생님에게 보여주고 자랑하며 집에 가서도 가지고 놀 거라며 기대감을 가지기도 한다. 하지만 이러한 결과물을 아이가 보는 앞에서 버리는 것은 좋지 못하다. 어떤 엄마는 "맨날 어린이집에서는 오래 가지고 놀지도 못하는 필요 없는 것만 만들어서 가져 오네요"라고 말한다. 그 엄마의 아이 또한 "집에 가져가면 엄마가 다 버려요"라고 말한다. 때문에 아이는 자신의 물건이나 다른 사람의 물건을 소중하게 사용하지 않는 경우가 많았다.

반면에 어떤 엄마는 아이가 만들어온 결과물 중에서 괜찮은 것은 집에 걸어놓거나 보관해 놓기도 한다. 아이가 가져온 것에 대해 열심히 노력한 과정을 칭찬하고 인정하고 보관하는 것이다. 아이는 자신이 열심히 만든 것에 대해 인정받고 칭찬 받는 것으로 뿌듯함을 가진다. 또한 다음에도 자신이 열심히 만든 후에 집에 보관할 수 있다는 기대감을 가지는 것이다.

아이들이 가져 오는 것이 한두 개가 아니기 때문에 모든 것을 보관하는 것은 불가능할 수 있다. 시큰둥하게 대하는 엄마처럼 아이의 결과물을 버려야 하는 상황도 있을 것이다. 일단 아이가 결과물을 자랑하기 위해 가져 오는 경우 아이의 결과물을 보고 열심히 노력한 과정을 칭찬하는 것이 가장 중요하다. 엄마의 눈에는 이상해 보일 수 있지만 아이는 자랑하기 위한 마음으로 열심히 했다는 것에 초점을 두고 그 과정을 칭찬하는 것이 중요하다.

노력한 과정을 중요하게 생각하지 않고 결과를 보고 반응하는 경우 아이 또한 결과를 중요하게 생각하게 된다. 결과를 중요하게 생각하는 아이는 결과물을 만들 때에도 완벽한 결과를 만들어 내기 위해 노력한다. 완벽한 결과물을 만들어내지 못한다고 느낄 경우 열등감을 가지게 된다.

"이렇게 멋진 작품을 만들기 위해 얼마나 열심히 노력했는지 알고 있단다. 정말 대단해. 항상 열심히 노력하는 모습이 대견하다"라고 말할 때 아이는 자신의 노력을 인정받고 자존감이 높아질 수 있다. 과정을 칭찬 받았을 때 아이들은 더 좋은 결과를 내기 위해서는 과정이 중요하다는 것을 배우는 것이다.

아이들에게 노력하는 사람이 좋은 결과를 낸다는 것을 가르치는 것은 말처럼 쉽지 않다. 노력이 있어야 결과가 있는 것인데 어떤 부모는 좋은 결과에만 집착하기도 한다. 결과에 초점을 둔 가르침은 아이의 열등감을 키우게 된다. 좋은 결과를 내지 못한 자신에게 실망감을 가지고 자존감이 낮아지는 것이다. 아이들은 결국 좋은 결과를 내기 위한 노력조차 하지 않게 된다.

나는 아이들이 화장실에서 나올 때는 실내화를 가지런히 벗고 다음 사람이 신기 편하도록 거꾸로 벗고 나와야 한다고 교육한다. 아이들이 화장실에 가는 일이 생길 때마다 잊지 않도록 자주 이야기를 해준다. 아이들 중에는 기억하고 실내화 정리를 잘하는 아이가 있는 반면, 깜빡하고 그냥 나오는 아이들도 있다.

아이들에게 교육한 것을 잘 기억할 수 있게 하는 방법은 교육한 것을 기억하고 행동했을 때 칭찬하는 것이다. 나는 가지런하게 정리를 잘 하고 나오는 아이들에게 "와~우리 태진이는 화장실에 다녀와서 실내화 정리를 정말 가지런하게 잘하는구나!"라고 아낌없이 칭찬한다. 칭찬을 들은 태진이는 올바른 행동을 한 자신을 자랑스럽게 생각하며 다음에도 같은 행동을 위해 노력하게 된다.

"실내화 정리를 잘했네"라고 말하는 것은 아이행동의 결과에 의미를 둔 칭찬이다. 태진이는 열심히 정리했으나 칭찬의 초점은 '잘 정리된 실내화'라는 결과에 집중되어있다. 결과에 집중된 칭찬은 아이에게도 자신의 행동이 아닌 결과물에 집중하게 만든다. 그래서 다른 일을 할 때도 노력 보다는 결과물에 집중하게 된다.

올바른 칭찬은 노력한 과정을 칭찬하는 것이다. "태진이는 선생님 이야기를 잘 기억하는구나. 실내화 정리를 열심히 잘해서 화장실 실내화가 가지런해졌네. 정말 멋지다"라고 말하며 열심히 노력한 과정을 칭찬하는 것이다. 그러면 태진이는 선생님 이야기를 잘 기억하고 열심히 정리했기 때문에 받은 칭찬이라고 기억하게 된다.

나는 아이들과 활동지를 할 때도 활동 결과물을 빨리 내기 위해 행동하는 것보다 노력하는 모습을 보이는 아이들을 칭찬한다. 글씨쓰기 활동을 하는 경우 손 근육이 잘 발달 하여 손에 힘이 많은 아이들과 글씨쓰기에 익숙한 아이들은 빨리, 대충 쓰는 경우가 많다. 이때는 글씨의 순서에 맞게 꼼꼼하고 노력해서 쓴 아이들에게 "글씨의 순서에 맞게 쓰기 위해 열심히 노력했구나. 대단하다"라고 칭찬하는 것이다. 아이들의 노력을 인정하는 칭찬 한마디가 아이의 좋은 습관을 키운다.

활동을 하면 열심히 하기보다는 빨리 완성하는 것에만 집중하는 아이들이 있다. 그러나 빨리 하는 아이들의 결과물을 보면 꼼꼼하지 못하고 대충한 것이 티가 난다. 두꺼운 책의 내용에 똑같은 얘기만 가득할 경우 좋지 않은 책으로 판단하듯이 양이 많다고 좋은 것은 아니라는 것이다. 오히려 우리는 얇은 책에서 더 핵심적인 지식을 배우기도 한다. 그러므로 완성된 결과를 보여주기 위해 억지로 많은 양을 해내는 것보다 높은 질을 이끌어 내는 것이 더 중요한 것이다.

《유쾌하게 자극하라》의 저자 고현숙대표는 다른 사람의 잘못이 있거나 어려움이 있을 때는 비난하기 보다는 인정해주고 내면의 가능성을 탐구할 여지를 허용해줘야 한다고 말한다. 비난은 상대방에게 반감을 줄 수 있고 주눅이 들어 배움이 극도로 제한되기 때문에 비난보다는 중립적인 자세가 필요하다. 자녀의 문제에 대해 호기심을 가지고 물어보아 어떤 걸림돌을 해결하는 생각의 싹을 북돋아주고 크게 이끌어줄 때 진정으로 성장할 수 있다는 것이다.

스포츠에서 올림픽을 관람하는 국민들은 국가대표 선수의 메달에 집중한다. 메달의 개수와 색깔이 등수의 결과를 낳기 때문이다. 그러나 같이 연습하고 그들의 연습과정을 아는 사람들은 그들의 연습과정에 높은 가치를 둔다. 엄청난 연습이 있었기 때문에 좋은 결과로 이어지기를 바라는 것이다. 좋은 결과로 이어지지 않더라도 노력한 과정을 인정하며 다치지 않고 무사히 경기가 끝나기를 기도한다.

좋은 결과 뒤에는 항상 숨은 노력이 있다는 것을 알아야한다. 재능을 이기는 것은 열심히 행동한 노력이다. 결과를 칭찬 받은 아이는 메달에 연연하는 아이가 되고 메달을 받지 못했을 때 열등감이 생긴다. 그러나 노력하는 과정의 중요함을 아는 아이는 좋은 결과를 위해 과정에서 최선의 노력을 한다.

화내는 것과 단호한 태도 구분하기

★단호한 것은 화내는 것이 아니라 일관된 태도와 규칙을 유지하는 것이다.

★아이의 행동에 화가 나는 경우에도 소리 지르기보다는 단호한 태도를 유지하는 것이 아이의 교육에 효과적이다.

★단호한 태도가 일관되지 않은 것이 익숙한 환경이라면 인내심을 가지고 꾸준하게 실천하는 것이 중요하다.

05
가능한 한 공개적으로 칭찬하라

아이들은 교실에서 규칙적인 생활을 하는 데 익숙해져 있다. 등원한 아이들은 자신의 짐 정리하기, 놀이, 오전 간식 먹기 이후에는 이야기 나누기를 한다. 그런데 등원한 아이들에게 아침인사와 함께 칭찬을 하는 것으로 하루를 시작한다면 하루 종일 아이들의 기분과 태도를 긍정적인 분위기로 만드는 것이 가능하다. 아이들이 짐 정리를 하는 경우 나는 "짐 정리를 열심히 하는 모습이 정말 멋지다"라고 칭찬한다. 함께 정리하고 있는 친구들이 들을 수 있도록 공개적으로 칭찬을 한다면 다른 친구들도 짐정리에 집중하게 된다.

놀이시간이 되면 어떤 아이들은 친구가 장난감을 뺏어가거나 같이 놀아주지 않는다고 일러주기도 한다. 이런 경우에도 나는 아이들에게 공개적인 칭찬으로 분위기를 전환시켜 준다. "우리반 친구들은 모두 사이좋게 잘 노는 친구들만 모여 있구나"라는 공개적인 칭찬으로 놀이 분위기를 밝게 바꾸어 주는 것이다.

음식을 먹는 시간에도 칭찬을 잘 이용하면 편식이 심한 아이가 싫어하는 음식을 먹을 수 있는 용기를 갖게 한다. 식사시간에 딴 짓을 많이 하는 아이도 칭찬 한마디면 음식에 집중하고 먹을 수 있게 하는 것이다. "편식하지 않고 부지런하게 잘 먹는 친구들이 많아서 정말 멋지다"라는 칭찬으로 아이들이 싫어하는 음식을 먹을 수 있는 용기를 주거나 집중해서 먹는 분위기를 만들 수 있다.

이외에도 장난감 정리 시간에는 장난감 정리를 잘 한다는 칭찬을 하거나, 쓰레기 줍는 시간에 쓰레기를 잘 줍고 있다는 공개적인 칭찬으로 아이들의 긍정적인 행동을 강화하는 것이다.

아이들이 많이 있을 때 특정아이를 짚지 않고 전체적인 칭찬을 하게 되면 교실 전체적인 분위기가 긍정적이고 활기차게 전환된다. 공개적인 칭찬으로 칭찬의 주인공이 자신이라는 생각이 들 수 있도록 하는 것이다. 서로를 칭찬하고 존중하는 것은 자신감이나 의욕이 생기게 만들기 때문이다. 형제, 자매 등 아이들이 함께 있는 경우 칭찬을 통해 아이들에게 자신감을 심어줄 수 있다.

사람들이 자신의 자랑거리를 내놓고 칭찬을 바라듯이 아이들도 자신의 자랑거리를 자랑하고 싶은 마음이 있다. 올바른 행동을 칭찬받은 아이는 계속 칭찬받고 싶은 욕구가 생기기 때문에 공개적인 칭찬으로 자존감을 높이고 바른 행동으로 이끌어 갈 수 있다.

아이 한 명을 공개적으로 칭찬하는 방법도 있다. 예를 들어, 교실에서 아이들이 바닥에 다 같이 모여 앉은 시간이 되면 아이들끼리 장난을 많이 친다. 이런 경우에는 아이들이 집중할 수 있도록 아이 한명을 짚어서 "우리 민기는 바닥 자리에 앉아서 정말 멋지게 앉아 있네"라고 말하는 것이다. 친구가 칭찬 듣는 모습을 보고 다른 아이들도 선생님에게 칭찬받기 위해서 집중하는 모습을 볼 수 있다.

칭찬 받은 아이는 공개적인 칭찬에 어깨가 으쓱 으쓱해지고 다른 사람이 항상 자신에게 관심을 가지고 보고 있다는 느낌을 받기 때문에 바른 행동을 유지하기 위해 노력하게 된다. 여러 사람 앞에서 공개적인 칭찬을 받은 아이는 올바른 행동을 위한 다짐을 하게 되는 것이다.

칭찬 받지 못한 다른 아이들은 '나도 인정받고 싶다'라는 생각이 들게 한다. 다른 친구가 칭찬 받는 것을 듣고 자신도 칭찬 받기 위해 멋지게 앉아서 수업에 집중하는 것이다. 긍정적인 행동을 공개하는 것은 서로에게 좋은 영향력을 주고 자존감이 높아지게 만든다.

사람들 중에는 공개적인 칭찬에 부담을 느끼는 경우도 있다. 칭찬이 부담스럽게 여겨지는 아이들은 부모의 더 큰 기대를 만족시켜줘야 한다고 생각하기 때문이다. 또한 자신의 부족함에 대한 칭찬이 자신을 더 열심히 하라는 뜻으로 받아들이기도 한다.

공개적인 칭찬에 부담을 느끼는 이유는 아이 스스로 인정하기 힘든 부분을 칭찬받는 경우라고 할 수 있다. 스스로 인정하기 힘든 부분에 대한 칭찬은 좋은 행동에 대한 혼란을 주기도 한다. 때문에 칭찬할 때 주의할 것은 상황과 환경에 따라 적절한 칭찬을 구사해야 한다는 것이다.

정확하지 않은 두루뭉술한 칭찬은 더 부담스러울 수 있다. "잘한다", "천재인가봐" 등 어떤 행동에 대한 칭찬인지 구체적인 것을 알 수 없는 칭찬은 어떤 행동이 잘한 행동인지 알 수 없는 칭찬이다. 예를 들어, 활동결과물을 봤을 때 그냥 잘했다라고 칭찬하는 것은 구체적인 설명이 없기 때문에 단순하게 잘한 결과물을 보여줘야 칭찬 받을 수 있다는 부담감이 생기게 된다.

《스웨덴 엄마의 말하기수업》의 저자 페트라 크란츠 린드그렌은 부모 자신의 개인적인 판단을 내포한 대화를 지향하는 경우 아이와 깊은 유대관계를 맺지 못한다고 말한다. 섣부른 부모의 판단이 들어간 대화보다는 아이들의 경험에 진심 어린 관심을 보여주고 아이보다 더욱 기뻐하는 모습을 보여주는 것이 좋다는 것이다. 칭찬을 할 때도 개인적인 판단이 들어간 칭찬보다는 아이와의 유대관계를 쌓는 진심어린 칭찬이 필요하다. 공개적인 칭찬으로 아이스스로 뿌듯함을 느끼게 하는 칭찬 역시 좋은 유대관계를 형성하는데 도움이 될 것이다.

때문에 나는 아이들에게 칭찬할 때 항상 어떤 행동이 잘한 행동인지 말하는 것을 잊지 않는다. 교실 쓰레기를 주워 버리는 아이에게 "교실 쓰레기를 버린 행동이 정말 멋지다. 덕분에 교실이 깨끗해

졌네"라고 칭찬한다. 또는 "밥도 깨끗하게 먹고 반찬도 골고루 다 맛있게 먹었구나. 이렇게 골고루 먹으니 키도 쑥쑥 크고 아주 튼튼해지겠다"라고 아주 구체적으로 칭찬하기 위해 노력한다. 이렇게 칭찬하는 경우 아이는 다음번 행동에서도 밥을 골고루 먹으면 칭찬해준다는 것을 알고 "선생님 오늘도 저 진짜 깨끗하게 먹었죠?"라고 물어보며 바른 행동을 위해 노력하는 것이다. 또한 이러한 칭찬을 공개적으로 한다면 다른 아이들 역시 바른 행동이 어떤 것인지 알고 칭찬 받기 위해 비슷한 행동을 하게 된다.

두루뭉술한 칭찬보다 어떤 것이 구체적으로 좋아 보이는지 설명하는 것이 좋다. 구체적인 칭찬을 통해 아이는 다음에도 어떻게 더 좋은 효과를 만들 수 있는지 고민하게 된다. 결과를 위해서가 아닌 행동의 긍정적인 의미에 집중하는 것이다.

똑같이 바른 행동을 하고 있는 아이들에게 한 아이만 칭찬하고 다른 아이는 그냥 넘어가는 경우가 있다. 칭찬받지 못한 아이가 실망감을 느끼지 않도록 똑같이 칭찬을 해주거나, 전체적인 칭찬으로 긍정적 분위기를 만들어 내는 것이 좋다.

일관성 있게 칭찬하는 자세도 중요하다. 예를 들어, 흘린 연필을 주워주고 칭찬 받은 기억이 있는 아이가 있다. 그런데 다른 날에는 흘린 연필을 주워주고도 다른 사람의 물건을 만지는 것은 나쁜 행동이라고 혼나는 것이다. 같은 행동을 하고도 일관성 없는 어른의 태도에 아이는 혼란을 겪게 된다. 공개적인 칭찬에도 일관성 있게 칭찬해야 긍정적 효과를 줄 수 있다.

공개적인 칭찬을 통해 아이들은 더 큰 자부심을 가진다. 많은 사람들 앞에서 자신의 행동을 인정받는 아이는 자존감이 높아진다. 자존감이 높아진 아이는 자기 신뢰감이 생기고 자신을 사랑하는 마음을 가진다.

편식을 바로잡는 칭찬과 훈육 TIP

★밥 먹지 않는 아이를 혼내고 강요하기 보다는 음식에 흥미를 가질 수 있게 돕는 것이 좋다.

★다양한 반찬에 대해 이야기 나누며 어떤 맛일까 궁금증을 유발하는 대화를 통해 다양한 반찬을 골고루 먹도록 유도할 수 있다.

★많이 먹는 것보다 중요한 것은 맛있게 잘 먹는 것이다. 맛있게 잘 먹는 것에 대한 칭찬을 하는 것이 좋다.

★밥 먹지 않아도 강요하는 것은 금물이다. 식사시간에 끝까지 같이 앉아 있는 것부터 시작하는 것이 좋다. 식사를 함께 마치고 나면 끝까지 앉아 있는 자세에 대한 칭찬으로 꾸준함을 길러준다.

★요리 재료를 직접 만지고 느낄 수 있는 미술활동이나 감각활동, 요리 활동 등으로 음식에 대한 친근함을 가지게 할 수 있다.

06
하루 10번 칭찬하라

사람들은 어떤 일을 새로 시작하게 되면 부모에게 조언을 구하거나 응원 받고 싶어 한다. 좋은 결과가 생기면 칭찬과 인정을 받고 싶고 결과가 좋지 않으면 위로를 받고 싶다. 하지만 조언을 구하는 자식에게 칭찬하는 것이 인색한 사람들도 있다. 칭찬의 장점은 알고 있지만 겉으로 표현하는 것이 어색하고 불편한 것이다.

은혜엄마는 칭찬하는 것에 인색하다. 은혜는 엄마에게 칭찬 받은 기억이 거의 없다. 때문에 은혜는 일이 생기면 친구에게 의견을 나누고 조언을 구한다. 은혜는 중학생 때는 공부에 관심이 없었지만, 고등학생이 되자 공부를 열심히 해서 원하는 대학에 진학하고 장학금까지 받으며 학교에 다녔다. 그러나 은혜엄마는 은혜에게 어떠한 칭찬도 의견도 말하지 않는다. 은혜도 엄마에게 칭찬받기 위해 성적을 올린 것은 아니었지만 "열심히 하고 있구나"라는 인정과 관심을 바라고 있었다. 은혜는 칭찬이 인색한 엄마에게 거리감을 느낀다. 자신에게 관심이 없는 것처럼 느끼기 때문에 좋은 일이 생겨도 엄마에게 말하고 싶은 마음이 생기지 않는다.

엄마에게 받는 칭찬만큼 아이에게 큰 선물은 없다. 이 마음은 어른이 되어서도 변하지 않는다. 엄마의 "열심히 잘하고 있구나"라는 칭찬은 동기부여가 된다. 누구나 처음 하는 일이 서툴고 실수가 많지만 칭찬을 통해 자신에 대한 믿음이 생긴다. 아이가 열심히 하는 행동을 인정하고 칭찬하는 것으로 자존감을 높일 수 있다.

칭찬이 서툴거나 무엇을 칭찬해야하는지 모를 때는 칭찬을 위한 계획을 세우고 의도적으로 칭찬하는 습관을 만들어 보는 것이 좋다.

하루 10번 의도적인 칭찬으로 아이의 자존감을 높이는 계획을 세워보자.

젓가락을 처음 사용하는 아이들은 음식의 절반을 흘려가며 젓가락질을 한다. 숟가락을 사용하고 싶은 마음이 생기기도 하지만 자신을 믿어주는 엄마의 칭찬으로 계속 도전하고 싶은 용기가 생기기도 한다. 젓가락질에 성공한 아이들은 이때 '나도 무엇인가 도전하고 해 낼 수 있는 사람'이라고 느끼게 된다. 하지만 인내심이 부족한 엄마가 아이의 젓가락질을 방해하거나 핀잔하는 경우 아이의 자존감이 낮아지는 것이다.

이처럼 칭찬은 아이에게 도전의지를 생기게 만든다. 긍정적인 행동은 강화하고 부정적인 행동은 줄어드는 효과가 생긴다. 하루 10번 아이의 행동에 관심을 가지고 관찰 하는 것으로 아이의 미래가 달라질 수 있다. 칭찬은 아이에 대한 사랑과 관심의 표현이다. 구체적이고 행동에 힘을 실어주는 칭찬으로 아이의 자존감을 높여주자.

하루 10번, 아이를 칭찬하는 습관에는 칭찬하는 요령을 아는 것이 중요하다. 칭찬을 통해 아이들의 자존감을 높이고 바른 행동을 유도 할 수 있지만 요령이 없는 경우 칭찬의 역효과가 일어나게 된다. 제대로 된 칭찬을 위한 칭찬의 요령을 여섯 가지만 기억하자.

첫째, 칭찬 할 때는 진심을 담아서 칭찬한다. 사람들은 의미 없는 칭찬이나 억지스러운 칭찬을 듣고 "칭찬에 감정이 느껴지지 않는다"라고 말한다. 아이들도 감정이 느껴지지 않는 칭찬을 구분하고 느낄 수 있다. 영혼이 없는 칭찬을 100번 하는 것보다 진심을 담은 칭찬 10번이 아이의 자존감을 높인다.

둘째, 아이의 작고 사소한 행동에도 칭찬하는 습관을 가져야한다. 아이의 상황과 행동을 잘 관찰하면 칭찬할 거리가 많다. 쓰레기를 주워서 버리거나 자신이 먹은 밥그릇을 스스로 정리하는 것도 칭찬거리가 된다. 또는 밥 한 숟가락을 맛있게 잘 먹는 것과 친구와 싸우지 않고 잘 노는 모습도 칭찬 거리가 될 수 있다는 것이다.

셋째, 칭찬할 때는 구체적으로 어떤 점이 잘했는지 표현해야한다. 아이들은 "잘했다"라는 말을 들어도 자신의 어떤 행동을 지칭하는 것인지 이해하기 어려울 수 있다. "책을 열심히 읽는 모습을 보니 기특하구나", "어른들에게 인사를 잘하는 모습이 멋지구나"라고 구체적인 행동을 칭찬하는 것이 아이가 노력한 과정을 인정하고 긍정적인 행동에 동기부여가 되는 칭찬이다.

넷째, 칭찬할 때는 아이의 입장에서 칭찬해야한다. 예를 들어, 심부름을 한 아이에게 "엄마의 심부름을 잘 도와줘서 고마워"라고 말하는 것은 엄마의 입장에서 고마운 점을 말하는 칭찬이다. 반대로 아이의 입장에서 "심부름을 열심히 잘 해내서 기분이 좋겠구나. 엄마도 너가 도와줘서 너무 고마워"라는 말은 아이의 기분을 생각하는 칭찬이다. 이렇게 아이의 입장에서 생각하고 칭찬하는 것이 더 뿌듯함을 가지게 만들고 자신감을 심어 줄 수 있는 칭찬이다.

다섯째, 훈육 이후에 하는 칭찬에는 "아주 잘했어"라고 말하기보다 "점점 좋아지고 있네"라고 말하는 것이 좋다. 훈육 이후에 금지된 행동에 대해 아이가 노력하고 있다는 점을 인정하고 칭찬하는 것이다. 노력하고 있는 모습을 높이 평가하는 칭찬으로 아이의 자존감을 키울 수 있다.

여섯째, 아이를 칭찬 할 때는 야단과 칭찬이 병행되지 않아야한다. 친구와 싸운 아이에게 "친구와 같이 논 것은 참 착한 일이야. 그런데 친구의 장난감을 뺏은 것은 나쁜 행동이야", 라는 말은 칭찬과 야단이 병행된 경우다. 아이는 자신이 칭찬을 받고 있는지, 잘못된 행동을 지적받는 것인지 혼란을 느낀다. 야단과 칭찬의 병행이 자주 생기면 아이는 상황판단이 어렵다. 훈육 받는 상황에서는 잘못을 느끼지 못하고 칭찬받는 상황에서는 기쁘지 않다. 훈육과 칭찬을 구분하고 칭찬을 할 때는 칭찬에 집중해서 자신감을 키워주는 것이 중요하다.

아이들의 행동을 바꾸는 데는 칭찬이 가장 좋다. 나는 항상 칭찬을 많이 하는 선생님이 되겠다는 다짐과 함께 하루를 시작한다. 많은 아이들과 함께하기 때문에 하루 10번씩 정해진 숫자만큼 칭찬하지 못하는 경우도 있지만, 매 시간마다 여러 아이들의 이름을 부르며 칭찬으로 응원하고 격려한다.

아이들을 가르쳐 본 결과 아이들의 행동을 바로 잡는 데는 훈육보다 칭찬의 효과가 크다는 것이다. 밥을 먹지 않고 장난치는 아이에게 "식사 시간에 장난치지 말거라"라고 훈육하는 것보다 "밥을 정말 맛있게 잘 먹는구나"라고 칭찬하는 것이 아이의 행동을 바꾸는 말이다. 바른 행동을 찾기 위해 노력하기 보다는 평범한 행동 하나 하나에도 의미를 부여하고 칭찬하는 노력이 필요하다. 칭찬을 많이 받은 아이가 어떤 행동에도 자신감을 가진다.

사람의 말은 꽃을 살리기도 하고 죽이기도 한다. 칭찬 또한 아이의 자존감을 살리기도 하고 죽이기도 하는 것이다. 아이들에게 엄마의 칭찬은 영양분이 되고 자존감을 높이는 힘이 된다. 칭찬에 인색한 엄마라면 하루 10번 의도적으로 칭찬하는 습관을 가지자. 칭찬하는 엄마에게서 아름다운 꽃을 피우는 아이가 자란다.

토라진 아이의 마음을 공감하는 법

★토라진 아이의 마음을 이해하고 읽어주기 "뭐땜에 화가 났구나~, 속상했겠구나."

★바로 달래주기 보다는 스스로 감정을 조절할 수 있는 시간 제공하기

★기분을 풀고 먼저 다가와준 아이에게 "마음 풀고 엄마에게 다가와서 고마워. 뭐땜에 속상해서 그랬지?"라는 감정 표현하기

★아이 감정에 공감하며 올바른 지침 가르쳐주기 "너가 화난 마음을 공감하지만 이럴 땐 이렇게 하면 해결할 수 있단다."

07
잘한 일에 초점을 맞춰 칭찬하라

좋은 습관을 가지고 있는 아이들은 자존감이 높다. 자존감 높은 아이로 키우기 위해 내 아이의 좋은 습관을 만들고 유지시켜 주기 위해 노력하자. 좋은 습관은 긍정적인 일을 끌어당기며 자신을 위한 성과가 될 수 있다.

내 아이에게 좋은 습관을 만들어 주고 그것을 꾸준하게 유지시키는 것은 칭찬이다. 아이들을 위한 좋은 습관의 예로 첫째는 책을 읽는 습관과 둘째는 정리 잘하는 습관이 있다.

첫째, 아이가 책을 읽는 습관을 가지기 위해서는 어떤 환경을 제공해야 할까? 아이가 책을 자주 접할 수 있는 환경을 만들어 주는 것이 좋다. 다양한 책이 익숙한 환경에서 자란 아이는 책에 거부감이 없다. 책이 주는 재미를 깨닫는 아이는 스스로 책을 찾아보는 습관이 생기기도 한다.

책 읽는 습관을 만들어 주기 위해 엄마는 잠자기 전에 아이를 위한 책을 읽어주는 것이 좋다. 책을 읽어주는 것을 통해 아이와의 정서적 유대감이 깊어질 수 있다. 나는 아이들에게 책 읽는 재미를 알려주기 위해 오전과 오후마다 책을 읽어줬다. 놀이시간에도 의도적으로 책을 찾아 읽어주며 책의 재미를 알려주자 시간이 지날수록 아이들도 책에 관심을 가지는 것을 볼 수 있었다.

책을 읽어주기 전에 아이들 중 한명에게 읽고 싶은 책을 선택하는 것도 좋은 방법이다. 아이가 스스로 선택한 책을 읽어주면 집중력이 더 높아진다. 자신이 선정한 책을 여러 사람과 함께 본다는 것은 뿌듯함을 느끼게 하고 자존감을 높인다. 집에서 읽어주는 경우에도 아이가 선정한 책을 읽어 주고 책 읽는 습관을 만들어보도록 하자.

하루 세 권씩 읽는 권수를 정하는 것도 좋다. 이때는 하루 세권 목표권수를 잘 읽는 아이에게 "책 세권을 다 읽었다니 정말 뿌듯하겠다. 대단하다"라고 칭찬 하는 것을 잊지 않아야 한다. 아이가 목표한 것을 이루기 위해 노력하는 모습을 인정받고 잘 한 일에 초점을 맞춘 칭찬이 이루어져야 좋은 습관으로 발전할 수 있는 것이다.

둘째, 정리를 잘하는 것도 좋은 습관이 된다. 정리를 통해 규칙성과 기억력이 좋아지기 때문에 정리를 잘하는 아이는 집중력이 높고, 학습능력이 뛰어나다. 정리 잘하는 습관을 기르기 위해서는 엄마가 모범이 되어 정리하는 모습을 보여주는 것이 중요하다. 항상 정리하기 쉬운 공간과 제자리에 맞게 정리하는 습관을 통해 뿌듯함을 느끼게 할 수 있다.

교실환경을 꾸밀 때 아이들의 정리 습관을 기르기 위한 방법으로 장난감이 위치한 자리를 사진으로 찍어서 붙여놓기도 한다. 이를 통해 아이들은 사물의 분류나 짝짓기 등의 기초학습을 겸할 수도 있으며 제자리에 정리하는 습관이 길러지기도 한다.

어린 아이가 처음 정리를 접할 때는 "이제 장난감이 집에 가는 것을 도와줄까?"라는 식으로 접근하는 것이 좋다. 이 방법은 정리가 놀이의 연장이 되게 하고 정리에 대한 거부감이 생기지 않는다. 아이가 4~5세 이상이 되면 정리 습관을 위해 조금씩 집안일을 돕게 하는 것도 좋다. 자신에게 집안일이 주어지고 엄마 일을 돕는 것으로 정리하는 습관과 자신감을 높인다.

장난감뿐만 아니라 책을 읽고 나서 정리하거나 신발, 옷, 자신의 밥그릇 등을 정리하는 습관을 길러주는 것이 중요하다. 엄마는 아이의 습관이 잘 형성될 수 있도록 정리하는 아이에게 "정리를 이렇게 깨끗하게 하다니 대단하다", "열심히 정리한 덕분에 이렇게 깨끗해 졌네"라고 칭찬하는 것을 잊지 말아야 한다.

아이들과 어린이집에서 있을 경우 아이들은 자신이 가지고 논 것을 정리하지 않는 경우도 있다. 깜빡하는 경우도 있지만 습관이 되어있지 않기 때문에 정리 하지 않고 다른 놀이를 하러 가는 것이다. 정리 습관을 길러주기 위해 다른 놀이 전에 잊지 않고 정리하는 아이들에게 "자신이 가지고 논 것을 잊지 않고 정리하는 모습이 너무 대단하구나. 덕분에 다른 친구들도 잘 가지고 놀 수 있겠다"라고 칭찬한다. 칭찬 받은 아이들의 기억은 머릿속에 오래도록 기억될 수 있다. 때문에 아이들과 처음 만난 학기 초에는 정리하지 않는 아이들이 많은 반면에, 몇 달이 지난 후부터는 대부분의 아이들이 자신이 가지고 논 것은 정리하는 모습을 볼 수 있다.

꾸준한 습관을 기르기 위해서는 아이가 잘한 일에 초점을 맞추고 자주 칭찬하는 것이다. 스스로를 자랑스럽게 여기는 마음이 생기기 위해서는 아이의 입장에서 칭찬하는 것이 중요하다. 작은 습관이라도 꾸준하게 지속되면 삶 전체에 영향을 준다. 꾸준한 칭찬으로 좋은 습관을 만들고 아이의 삶을 바꾸는 변화의 에너지를 만들 수 있다.

그러나 중요한 것은 아이에게 칭찬을 남용하거나 칭찬이 아이를 이용하는 것에 사용돼서는 안 된다는 것이다. 칭찬을 통한 내적인 동기유발은 좋은 행동에 대한 뿌듯한 마음을 가지거나 보람 있는 행동을 했을 때 느낄 수 있는 감정이다. 하지만 아이의 성과가 중심이 되는 칭찬은 외적인 동기를 유발한다. 물질적인 보상이 중심이 되는 외적인 동기유발은 아이를 수동적인 사람으로 자라게 만든다. 때문에 좋은 습관을 만들고 자존감을 높이기 위해서는 잘한 일에 초점을 맞추고 내적인 동기를 유발하는 칭찬으로 만들 수 있다.

예를 들어, 말을 잘 들으면 초코렛이나 사탕을 준다고 말하는 것은 외적인 동기유발에 집중한 칭찬이다. 아이는 말을 잘 듣기 위해서 행동하기 보다는 초코렛을 받기 위해서 행동하게 된다. 이런 경우 아이는 다음에도 초코렛이라는 보상이 주어지는 경우에만 잘하기 위해 행동하게 된다. 초코렛이나 사탕이라는 보상은 평소에도 얼마든지 줄 수 있는 것이다. 아이가 스스로 좋은 행동이 어떤 것인지 깨닳을 수 있도록 칭찬으로 내적인 동기를 유발하는 것이 좋다.

《아이의 인생을 바꾸는 독서법》의 저자 크리스 토바니는 아이를 가르치지 이전에 자신의 역할에 대해 다시 생각해 보라고 말한다. '이건 아이들의 공부에 도움이 되는 정보니까 내가 직접 떠먹여줘야지'라는 중압감에서 벗어나야한다는 것이다.

크리스 토바니의 말처럼 좋은 습관을 만들기 위해 기억해야하는 것은 간단하다. 무조건 좋은 것을 다 가르쳐주기 위해 강요한다면 아이들도 부담을 가질 것이다. 그보다는 아이들에게 도움이 되는 전략을 가르쳐주고, 재밌고 쉽게 접근할 수 있게 하는 것이다. 또한 부모들은 아이들에게 더 좋은 영향과 능력을 향상시킬 방법을 찾기 위해 끊임없이 고민하고 공부하는 사실만으로 전문가이기 때문에 자신감을 가지고 교육하는 것이 중요하다.

아이들은 엄마의 칭찬으로 자존감을 높이고 자신의 가치를 높이 평가하는 사람이 된다. 아이의 행동에 집중하고 잘한 일에 초점을 맞춰 칭찬하자. 아이의 자존감은 엄마에게 달려있다.

훈육할 때 주의해야 할 TIP

★아이의 잘못에 대한 훈육을 하는 경우 어떤 행동이 잘 못된 행동인지 명확하게 제시해야한다. "그런식으로 행동하면 안되"라는 식의 두루뭉술한 지적은 무엇에 대한 경고인지 혼란을 준다.

★"어른 보면 인사 해야지?"라는 질문이나 이해하기 어려운 설명보다는 올바른 행동 지침을 정확하게 알려주는 것이 좋다. "어른에게 인사 할 때는 '안녕하세요'라고 말하며 고개를 숙이는거야"라고 정확한 지침을 주는 것이다.

08
칭찬은 아이를 춤추게 한다

'칭찬은 고래도 춤추게 한다'

이 말의 뜻은 칭찬은 고래도 춤을 추게 할 만큼 칭찬의 힘이 강하다는 것이다. 칭찬은 하는 사람도 받는 사람도 기분을 좋아지게 만든다. 아이를 행복하게 만드는 방법은 사랑하는 마음과 칭찬을 표현하는 것이다.

아이를 춤추게 하는 칭찬은 어떤 칭찬일까? 아이에게 무조건적인 칭찬을 하는 것은 좋지 않다. 스스로 열심히 하지 않은 활동에 엄마가 과장하며 "너무 대단해~"라는 칭찬은 오히려 아이를 주눅 들게 만든다. 아이 스스로 열심히 하지 않은 행동에 대해 열등감과 수치심을 느끼고 거짓말하는 엄마에게 신뢰감이 낮아진다.

아이의 자존감을 키우는 방법은 아이의 행동을 인정하는 것이다. 아이의 활동에 무조건 "대단해"라고 말하지 않는다. 어떤 점이 대단하다고 생각했는지 말해줘야 한다. 어떤 점이 인정받을 수 있는 올바른 행동인지 정확하게 설명한 뒤에 칭찬한다.

어린이집에서 아이들과 1박 2일 캠핑을 가면 아이들과 하루를 보낸다. 밤에는 잠을 자기 위해 이불을 깔고 잘 준비를 한다. 이런 날 아이들은 밤까지 친구들과 함께 놀고 있다는 상황에 행동이 과격해지고 더 큰 에너지를 방출하기 때문에 특히 안전사고에 주의해야한다. 그렇기 때문에 하룻밤이라도 많은 아이들을 혼자 케어하는 것은 벅차고 힘든 일이다. 그러나 칭찬으로 아이들을 케어 한다면 아이들과의 하룻밤을 보람되고 행복하게 보낼 수 있다.

아이들과 잘 준비를 위해 바닥에 이불을 펼치는 상황에서 어떤 아이는 신이 나서 이불을 밟고 뛰며 장난치기도 한다. 또 어떤 아이들은 교실에 이불 까는 것을 도와주고 싶다고 말하기도 한다. 그러면 이때는 아이들에게 이불 까는 것을 맡기고 도움 받는 것도 좋은 방법이다. 친구들이 선생님을 도와주고 칭찬받는 모습을 보는 다른 아이들도 장난치다가 도와주고 싶은 마음이 생기게 된다. 다른 친구들의 바른 행동을 보고 배우면서 스스로 칭찬 받는 일을 알아가는 것이다.

아이들은 남을 도와준다는 것과 나도 할 수 있다는 생각이 들면 자신감이 생긴다. 선생님을 돕고 스스로 이불을 깔 수 있는 능력이 있다는 것에 자신에 대한 믿음이 강해진다. 믿음이 강해진 아이들은 다음에 비슷한 상황이 생겨도 다시 도전하고 싶은 용기가 생긴다. 아이들의 행동을 신뢰하고 믿어주고 인정하자. 구체적인 행동에 대한 칭찬과 인정이 아이들을 춤추게 만든다.

간혹 어른들은 아이의 행동에 바라는 점이 있는 경우 칭찬을 사용하기도 한다. 아이에게 리모컨을 가져다 달라고 부탁하는 경우 "착한 우리 미영이, 리모컨 좀 가져다줄래?"라고 말하는 것이다. 부탁처럼 들리지만 사실은 미영이에게 착한 행동을 강요하고 칭찬을 도구로 사용하는 나쁜 칭찬이다.

"착하다"는 말처럼 성격을 칭찬하는 말은 아이에게 인격적인 부담을 준다. 어른의 말을 잘 듣는 착한 행동만이 좋은 행동으로 생각하는 착한아이 콤플렉스에 걸리게 된다. 착한아이 콤플렉스에 걸린 아이들이 자라면 거절을 어려워하는 사람이 될 수 있다. 거절을 못하는 사람들은 그 자리에서 거절하지 못한 것을 뒤에 가서 후회하고 자신의 성격에 대해 답답함을 느낀다. 착한성격에 대한 칭찬을 많이 받거나 착한행동을 강요받으며 자랐기 때문에 착한 사람, 좋은 사람 등의 수식어를 달고 다니기도 한다. 또한 결정력이 부족하기 때문에 어떤 선택을 해야 하는지 결단하지 못하는 우유부단한 성격이 되기도 한다.

《불안의 심리》의 저자 프리츠 리만은 아이가 일찍부터 깨끗해야 하거나, '얌전하게'식탁에 앉아 있어야 하며, 아무것도 망가뜨려선 안되고, 적당히 흥분된 감정도 내보여서는 안된다는 것 등의 아이들의 나이에 맞지 않는 요구들이 훗날 강박적 인성을 만든다고 말했다. 아이가 '움츠리는'것을 너무 일찍 배우는 경우 처벌 불안과 죄책감의 준비 태세가 과도하게 정립된다고 한다.

칭찬은 아이를 움직이게 만드는 수단으로 사용해서는 안 된다. 칭찬을 통해 아이의 행동을 강화하거나 인정하는 것은 좋지만 착한 행동을 해야만 칭찬하는 것은 아이의 자존감을 낮아지게 만든다.

아이에게 무언가를 바라고 심부름을 시키고 싶다면 "착한누구야"라고 부르는 것보다 "누구야"이름을 부른 후에 "리모컨 좀 가져다줄래?"라고 부탁하는 것이 좋다. 그런 후에 아이가 어른을 도와주었을 때 "도와줘서 너무 고마워"라고 칭찬하는 것이다. 아이는 착한아이가 되기 위해서가 아니라 옳은 행동을 했기 때문에 칭찬 받았다고 생각하게 된다. 아이들에게는 착한아이가 되기를 강요하지 않아도 심부름 하고 다른 사람을 도와주고 싶어한다. 어떤 아이는 선생님이 자신에게 심부름을 많이 시켜 줄수록 관심 받고 있다고 생각한다. 다른 아이들은 하지 않는 중요한 일을 한다고 생각하기 때문에 심부름을 하는 동안 자존감이 높아지는 것이다. 아이들에게 어떻게 부탁하느냐에 따라 자존감을 높이기도 하고 낮아지게 만들기도 하는 것이다.

자존감 높은 사람은 타인의 부탁에 거절할 줄 알고 결단력 있게 행동한다. 때문에 중요한 것과 중요하지 않은 것의 차이점을 알고 올바른 판단을 내린다. 칭찬도 때에 따라 상대에게 좋은 마음을 가지게 할 수도 있지만 나쁜 마음을 가지게 만들기도 한다. 아이의 자존감을 높이는 칭찬을 배워서 실천하자.

아이들의 버릇이나 습관을 고치기 위해 행동을 짚어주며 하지 못하게 주의를 준다. 하지만 이미 습관이 된 나쁜 버릇을 고치는 것은 쉽지 않다. 때문에 버릇을 고칠 때도 칭찬으로 아이들의 행동을 격려하는 것이 중요하다.

아이들의 나쁜 버릇 중에는 식사시간에 여기저기 돌아다니는 것이 있다. 돌아다니는 아이들은 주로 배가 아프다고 하거나 휴지를 가지러 가는 등의 이유를 만들어내기도 한다. 특히 편식이 있는 아이들이 여기저기 돌아다니며 제자리에 앉아서 먹기를 거부한다. 이런 아이들을 위해 어떤 엄마는 같이 돌아다니며 밥을 입에 떠먹여준다. 그러나 같이 돌아다니고 떠먹여 주는 것은 아이들의 식습관을 망치게 된다.

올바른 식습관을 만드는 법은 규칙적인 식사시간을 가지는 것과 아이의 전용자리를 만들어 주는 것으로 가능하다. 자신의 자리를 갖는 아이는 자기자리에 애착을 가진다. 자기 자리가 생긴 후에는 가족 모두 함께 식사하는 시간을 자주 가지고 식사시간이 끝날 때까지 자리를 지키고 기다리는 것이 중요하다. 배가 아프다고 하거나 먹지 않겠다고 말해도 끝까지 앉아있는 습관이 중요하다. 이때는 아이가 밥을 먹지 않아도 다그치거나 혼내지 않아야 한다. 식사시간에 배가고픈 아이가 스스로 먹어야 한다는 생각이 들 때까지 기다려줘야 한다. 식사 중간중간 맛있는 반찬에 대한 이야기를 나누는 것도 좋은 방법이다. 식사시간이 끝나면 자리에 바르게 앉아 기다린 것에 대한 칭찬으로 마무리 하는 것을 잊지 않아야 한다.

나는 아이들이 식사시간에 돌아다니는 것을 방지하기 위해 밥 먹기 전에 미리 행동하도록 한다. 식사시간에 자주 돌아다니는 아이라면 밥 먹기 전에 미리 화장실에 다녀오게 한다. 또는 흘린 음식을 닦아야 한다고 일어서려고 하는 경우에는 밥을 다 먹고 도시락을 정리하는 시간에 닦으면 된다고 말한다. 한 번 일어서는 것이 습관이 되면 아이들은 이후에도 계속 여러 가지 이유를 만들어서 돌아다니고 싶어 한다. 때문에 식사시간에는 일어서지 않도록 미리 규칙을 만들어서 지킬 수 있도록 지도하는 것이 좋다.

아이의 버릇을 고치는 것이 짧은 시간에 이루어지지 않고 긴 시간이 걸리기도 한다. 하지만 엄마는 아이를 위해서 느긋한 마음을 가지고 기다려 주는 것이 중요하다. 아이를 다그치거나 조급한 마음을 보일수록 아이에게 나쁜 영향을 준다는 것을 잊지 말아야한다. 마음에 여유를 가지고 아이가 노력하는 모습을 칭찬하자. 칭찬은 동기부여가 되고 자극이 되어 아이들의 자존감을 높인다.

엄마의 칭찬은 아이들의 올바른 행동에 동기부여가 되고 자신에 대한 자신감과 믿음을 키운다. 제대로 된 칭찬으로 아이의 자존감을 높이고 자신을 사랑하는 아이로 키워야한다.

창의성을 기르는 질문법

★아이들에게 질문 할 때는 '네' 또는 '아니오'로 끝나는 폐쇄형 질문보다는 "왜 그렇게 생각하니?", "어떻게 이렇게 됐을까?"등의 개방형 질문이 좋다.

★아이들이 질문을 듣고 상상하고 생각하는 것을 설명할 수 있게 하는 것으로 사고력과 창의력을 길러줄 수 있다.

Chapter 05

엄마의 자존감이
아이의 자존감이다

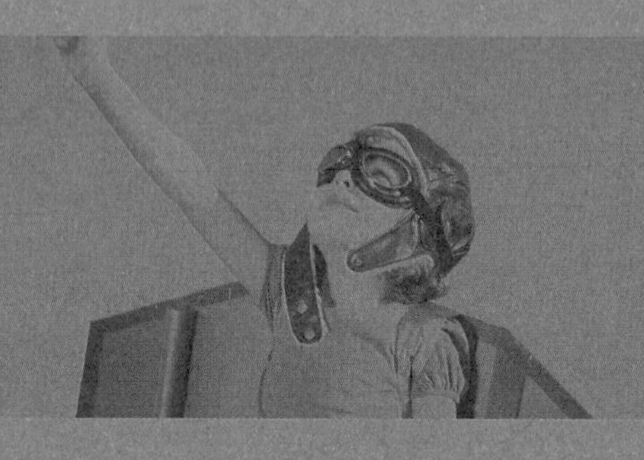

엄마의 마음을 다스려야 아이의 자존감이 자란다.
육아전문가가 전하는 엄마와 아이가 성장하기 위한 감정조절 공부!

01
아이에 대한 믿음이 자존감을 키운다

어린이집에서는 엄마와 아이를 어린이집으로 초대하고 함께 프로그램을 진행하는 엄마참여 수업을 진행한다. 엄마 참여수업 날이면 아이들의 기분은 특히 더 들떠있다. 혼자 어린이집에 등원하다가 처음으로 엄마와 함께 오기 때문이다.

참여수업을 진행하다 보면 엄마들의 다양한 육아법을 관찰하게 된다. 아이를 믿고 스스로 해 볼 수 있도록 믿는 엄마도 있으며 대화하고 소통하며 함께 참여하는 엄마도 있다. 또는 아이가 하는 것을 지켜보다가 마무리를 도와주는 엄마도 있다. 엄마들의 다양한 육아법 중에서 아이의 자존감을 키우는 육아는 어떤 육아일까? 자존감 높은 아이로 키우기 위해 엄마가 아이를 어디까지 믿고 지켜보는 것이 좋을까?

7살 동민이와 엄마가 참여수업을 위해 어린이집으로 함께 등원했다. 엄마 품에는 태어난 지 얼마 되지 않은 아기와 3살 된 동민이의 동생 은우도 아장아장 걸으며 따라왔다. 아이 3명을 데리고 왔다는 사실에 다른 엄마들과 선생님들이 대단하다고 말하며 동민이 엄마를 칭찬했다. 다른 엄마들은 아이 한두 명과 같이 와도 아이들을 감당하기 힘들다며 걱정하기 때문이다.

하지만 동민이 엄마는 다른 엄마들보다 오히려 걱정이 없다. 여기저기 아이들이 자유롭게 구경하도록 풀어놓으면 괜찮다고 말한다. 특히 한창 호기심이 많은 은우는 신기한 것이 많아서 여기 저기 만져보고 돌아다니느라 바쁘다. 참여수업이 시작하기 전, 기다리는 동안 어린이집 마당에서 아이 3명과 동민이 엄마는 어린이집을 둘러보며 천천히 기다렸다.

그날은 참여 수업을 위해 어린이집 대문이 활짝 열려 있었다. 나는 은우가 아장아장 걷다가 넘어지거나 대문을 나가거나 위험한 일이 생기지는 않을까 걱정했지만, 동민이 엄마는 태연했다. 은우가 마당을 돌아다니다가 넘어지더라도 "괜찮아, 괜찮아, 툭툭 털고 일어나면 되"라고 대수롭지 않게 얘기한다. 엄마는 은우가 자유롭게 구경할 수 있도록 믿고 지켜보는 것이다. 은우가 대문 밖을 나가려고 하는 경우에만 대문 밖을 나가지 못하게 주의를 준다. 위험한 상황에 노출되는 경우에는 주의를 주지만 그 외에는 궁금한 것을 스스로 찾고 경험할 수 있는 기회를 제공하는 것이다.

동민이 엄마처럼 아이의 자존감을 키우기 위해 엄마는 아이를 믿고 호기심을 해결하도록 지원하는 것이 중요하다. 자존감이 높은 아이는 스스로에 대한 믿음이 강하기 때문에 자신에게 주어진 일을 해낼 수 있다는 마음이 있다. 스스로 호기심을 해결할 수 있는 기회를 자주 갖는 아이는 자존감이 높다. 엄마가 아이를 믿고 바라볼 때 아이는 엄마와 자신을 믿을 수 있는 마음이 생긴다.

아이가 호기심을 가지고 관찰하는 것을 엄마가 가로 막거나 틀에 가두려고 한다면 아이는 자신을 믿는 마음을 키울 수 없다. 아이를 향한 희생적이고 무조건적인 배려보다 아이 스스로 장애물을 헤쳐 나갈 수 있도록 돕는 것이 중요하다. 아이 혼자 시련과 난관을 경험하고 극복하는 경험을 키워주는 것이다. 아이와 놀아주지 못하고 신경써주지 못하는 것에 대해 미안함을 가지는 엄마들이 있다. 그러나 아이에게는 엄마의 미안함과 걱정보다 경험하는 시간이 더욱 중요하다. 아이는 스스로의 가치를 중요하게 생각하고 자신에 대한 자부심과 자신감이 생겼을 때 자존감도 높아진다.

어린이집 참여 수업 중에 밧줄을 이용한 프로그램이 있다. 준비물은 동그란 링과 10줄 이상의 튼튼한 밧줄이다. 프로그램을 시작하기 전, 아이들이 앉을 수 있는 크기의 동그란 링에 여러 개의 밧줄을 연결한다. 한 줄로 길게 연결하는 것이 아닌 동그란 링을 빙 둘러가며 밧줄로 채워지도록 연결하는 것이 중요하다. 한줄 씩 밧줄을 연결한 모습이 완성되면 모양이 햇님모양과 비슷해서 프로그램

이름도 '햇님밧줄'이라고 불렀다. 햇님밧줄을 완성한 후에는 6명 이상의 엄마들이 연결된 밧줄을 한두줄씩 잡고 동그랗게 선다. 동그란 원 위에 아이가 앉아서 중심을 잡으면 엄마들은 잡고 있던 밧줄을 바깥쪽으로 잡아당긴다. 그러면 동그란 원에 앉은 아이는 오직 줄에 의지한 채 공중으로 뜨는 것을 경험하게 된다.

아이들은 친구가 공중에 뜨는 것을 보고 두려움을 느끼기도 하지만 재밌어 하는 모습을 보고 덩달아 용기를 가지기도 한다. 두려움을 이겨내고 용기를 내서 도전하는 아이들은 새로운 경험으로 성취감을 느낀다. 엄마는 아이가 새로운 경험을 할 수 있도록 믿음을 주고 자신감을 키워줄 수 있다. 아이가 자신감을 가지고 도전하는 모습은 엄마에게도 뿌듯함을 느끼게 한다.

'햇님밧줄' 놀이를 통해 아이들은 자신감뿐만 아니라 몸의 긴장을 통해 균형감각을 기른다. 아이들은 엄마의 믿음으로 새로운 경험에 도전하는 재미를 느낀다. 무섭고 두려움을 가지는 아이들도 엄마의 지지와 응원으로 자신감을 얻을 수 있다. 도전이후의 성취감과 행복은 아이의 자존감을 키운다.

엄마와 아이 사이에 믿음이 없다는 것은 슬픈 일이다. 엄마와 아이는 서로를 믿고 존중하는 태도가 있어야 한다. 자신을 믿고 사랑하는 마음이 있는 아이는 노력 후에는 반드시 좋은 결과가 있다는 것을 알기 때문에 어떤 일이든 항상 노력할 것이다. 자존감 높은 아이는 도전에 대한 두려움과 공포가 생겨도 자신을 믿고 해낼 수 있다고 믿는다.

아이를 믿기 전에 기억해야하는 것이 있다. 아이를 자신의 소유물로 생각해서는 안 된다는 것이다.《부모의 자존감-부모에게 상처받은 이들을 위한 치유서》의 저자 댄 뉴하스는 많은 부모들이 자신이 아이를 소유하고 있고 아이가 나에게 빚을 지고 있다고 말한다. 하지만 단지 부모라는 이유만으로 아이가 부모에게 빚진 것은 아무것도 없으며 아이를 사랑하는 것은 그 자체가 보상이며 아이에게 사랑받는 것은 세상 어느 것과 비교할 수 없는 특별한 선물이라고 말했다. 하지만 부모가 되겠다는 선택에는 아이를 잘 키우는 법을 배워야 하는 책임이 뒤따른다고 한다.

아이를 키운다는 것에서 부모는 깊이 사랑하는 법과 사랑을 표현하는 법을 가르치는 것이 중요하다. 아낌없는 칭찬과 격려는 믿음이 강한 자존감 높은 아이로 성장시킬 수 있다.

윌리엄 오슬러의 "믿음이 없다면 사람은 아무것도 해낼 수가 없다. 그것이 있다면 모든 것은 가능하다"는 말처럼 아이들 또한 엄마에 대한 믿음과 자신에 대한 믿음이 없다면 아무것도 해낼 수 없다. 아이의 믿음을 키우기 위해 다양한 프로그램을 체험하는 것이 어떨까? 엄마의 믿음 안에서 도전하는 용기와 즐거움을 겪는 아이가 행복하다. 어떤 환경과 도전이 주어져도 자신을 위해 최선을 다하는 아이가 스스로의 삶을 사랑할 수 있다.

기질에 따른 아이 이해하기

★모든 영아의 40%정도는 순한 기질의 아동이다. 일과가 비교적 규칙적이고 새로운 상황에서 적응을 잘한다. 항상 유쾌한 기분을 가지며 배변훈련이 쉽다.

★영아의 15%정도는 느린 기질의 아동이다. 낯선 사람과 사물에 부정적인 반응을 보이기도 한다. 과잉반응을 하고 천천히 적응한다. 순한 영아보다 불규칙적이지만 까다로운 영아보다 규칙적이다.

★영아의 10%정도에 속하는 까다로운 기질의 아동은 생활습관이 불규칙적이다. 환경의 자극이나 욕구에 좌절하는 반응이 강하고 예측이 어렵지만 머리가 좋다.

02
일관성 있는 육아가 아이의 자존감을 높인다

아이들을 키우면서 육아에 일관성을 유지하는 것이 쉽지 않다. 훈육이나 교육에도 일관성 있는 태도가 아이의 자존감을 키운다. 하지만 너무 틀에 박힌 일관성을 적용해서 융통성 없는 아이로 자라지 않도록 주의하는 것도 중요하다.

육아를 하면서 일관성 있는 태도가 중요한 이유는 아이에게 안정감과 신뢰감을 줄 수 있기 때문이다. 안정감과 신뢰감이 쌓일수록 아이는 엄마에게 안정적인 애착형성을 한다. 일관성이 있는 육아의 핵심은 아이가 행동에 대한 예측가능성을 가지게 하는 것이다. 《아기 심리 보고서》의 저자 찰스 퍼니휴는 엄마와의 안정적인 애착형성과 일관성 있는 태도가 중요한 이유를 영국심리학자 존 볼비의 연구를 바탕으로 설명했다. 볼비는 어린시절에 어머니와 어떤 종류의 애착을 형성했느냐가 이후 이어지는 모든 관계의 바탕이 된다고 했다. 안정적인 사랑을 주는 부모 밑에서 자란 아이는 다른 사람들에게도 믿음을 갖지만 일관적이지 않은 부모 밑에서 자란 아이는 다른 사람을 잘 믿지 못하는 성인이 될 수 있다는 것이다.

마음 약한 엄마들은 떼쓰는 아이에게 일관성 있는 태도를 유지하는 것이 힘들다고 한다. 7살 시훈이는 유독 엄마에게 울고 짜증내며 떼쓰는 행동을 많이 보인다. 엄마와 함께 마트에 갈 때면 자신이 가지고 싶은 장난감 앞에서 울며 떼를 쓰는 경우가 많다. 엄마는 시훈이가 사람 많은 곳에서 떼를 쓰면 아이를 달래기 위해 어쩔 수 없이 받아줘야 한다고 한다. 그러나 시훈이는 평소 자신을 엄격하게 대하는 아빠 앞에서는 떼를 쓰지 않는다. 시훈이 아빠는 시훈이가 떼를 쓰는 경우 단호하게 안 된다고 말하고 벌을 주기도 한다.

시훈이가 엄마에게만 떼를 쓰는 이유는 엄마의 일관성 없는 태도 때문이다. 시훈이가 장난감을 사달라고 떼를 쓸 때 처음에는 안 된다고 말하지만 사람들이 보는 앞에서 울거나 소리 지르는 경우 엄마는 어쩔 수 없이 시훈이의 부탁을 들어준다.

아이는 자신이 갖고 싶은 물건이 있거나 엄마가 자신의 말을 들어주지 않을 때 울고 떼를 쓰는 것으로 원하는 것을 얻으려고 한다. 울고 떼를 쓰면 항상 자신의 부탁을 들어주기 때문에 매번 떼를 쓰는 행동이 더욱 심해지는 것이다. 하지만 시훈이는 떼쓰는 것도 아빠에게는 통하지 않는다는 것을 알고 아빠 앞에서는 떼쓰지 않고 얌전하게 행동한다. 시훈이 뿐만 아니라 다른 아이들도 상황에 따라 태도가 바뀌는 것은 흔한 일이다. 집에서 떼를 많이 쓰는 아이도 혼자 어린이집에 갔을 때는 얌전하게 규칙을 잘 지키기도 한다. 또는 평소에는 의젓한 행동을 보이지만 자신을 예뻐하는 할머니 앞에서는 어리광을 많이 부리는 아이도 있다. 아이들도 상황과 대상에 따라 다른 행동을 보이는 것이다.

특정사람 앞에서 떼를 많이 쓰는 아이가 있다면 그 사람이 아이를 위해 너무 오냐오냐하지 않았는지 생각해볼 필요가 있다. 아이와 부딪치고 싶지 않은 마음에 떼쓰는 것을 받아주고 오냐오냐할수록 아이의 행동은 더 심해진다. 아이 또한 자신이 더 강하게 떼를 쓰고 어필할수록 상대가 곤란함을 느끼고 잘 받아준다는 것을 아는 것이다.

문제 행동을 고치기 위해 아이를 양육하는 부모는 아이에게 동일하고 일관되 태도를 보여주는 것이 중요하다. 아이가 떼를 쓰거나 울어도 안 되는 것은 절대로 들어주지 않는 단호함을 보여줘야 한다. 밖에서 떼를 만이 쓰는 아이라면 아이와 밖에 나가기 전에 지켜야 하는 규칙을 미리 정하는 것이 좋다. 아이와 함께 규칙을 정하고 규칙을 지키기 위해 원하는 것을 얻을 수 없다는 것을 이해하는 것이 중요하다.

규칙을 정한다고 해도 아이의 행동을 단번에 고치는 것은 힘들 것이다. 하지만 아이에게 항상 단호하고 일관된 태도를 보이는 것이 중요하다. 아이에게 늘 친근하고 부드럽게 대했다면 아이의 행동을 고치기 위해서는 안되는 것에는 단호한 태도를 보여주는 것이 좋다. 적절한 훈육을 통해 아이가 자신의 행동을 반성하는 계기를 만들어 주는 것도 중요하다.

어떤 아이들은 자신의 화를 분출하기 위해 물건을 던지고 어지르기도 한다. 하지만 그런 경우에도 엄마는 항상 단호함을 유지해야한다. 아이가 물건을 어지른 경우 엄마가 잔소리를 하며 정리하기 보다는 아이가 스스로 정리하게 해야한다. 아이가 감정조절할 시간을 제공하고 '안 되는 것'은 끝까지 안 되는 것으로 일관되게 행동해야 한다. 아이의 행동을 당장 바꾸는 것은 어렵지만 꾸준하고 일관된 태도를 보인다면 아이의 행동은 반드시 변한다.

일관성 있게 아이를 대하는 것이 중요하다는 것을 알고 있지만 실제로 육아에 적용하는 것을 어렵게 생각한다. 자신의 욕구를 거절당하고 부모의 단호한 태도에 아이가 상처 받는 것을 걱정하는 것이다.

아이들은 일상생활에서도 적절한 통제가 필요하다. 엄마의 큰 틀에서 아이가 옳은 행동과 옳지 않은 행동을 구분하기 위해서는 적절한 외부통제를 경험하는 것이 좋다. 엄마와의 애착관계가 돈독하고 자존감이 높은 아이는 욕구가 거절되어도 상처받지 않을 것이다.

어떤 엄마는 아이의 요구를 거절하지 못해서 매번 아이가 원하는 것을 들어주기에 급급해하기도 한다. 아이가 일찍 데리러 오라고 하는 경우 거절하는 것이 미안해서 아이를 일찍 데리러오기 위해 상황을 맞추기도 한다. 아이를 데리러 오는 것이 잘못된 것은 아니다. 하지만 아이의 요구를 들어주기 위해 엄마의 상황을 맞추며 노력하기 보다는 안 되는 상황에 대해서는 설명하고 그것을 이해시키는 것이 중요하다. 자신의 요구를 모두 들어주기 위해 노력하는 엄마에게 아이는 자존감이 아닌 우월감을 자라게 만든다.

나는 아이들이 무리한 요구를 하는 경우 안 되는 것은 안 된다고 단호하게 말한다. 미세먼지가 많아서 바깥활동을 하면 안 되는 경우에도 아이들은 날씨가 좋은데 바깥활동을 하지 못하는 것을 이해하지 못할 수도 있다. 이럴때 나는 아이들에게 미세먼지가 많은 날 밖에 나가면 나쁜 먼지가 몸에 들어와서 병에 걸릴 수 있으니 오늘은 나가지 못한다고 안 되는 이유를 설명해준다. 아이들이 아무리 떼를 써도 안 되는 것은 단호하고 일관되게 유지하는 것이 좋다.

또한 더 이상 떼를 쓰지 않는 아이에게는 다음에 미세먼지가 없는 날 꼭 바깥놀이터에 나가서 놀자고 약속한다. 약속하고 더 이상 떼쓰지 않는 아이에게 떼쓰지 않는 것을 칭찬하는 것도 좋다. 아이와 바깥 활동을 하지 못하는 대신 실내에서 즐거운 시간을 보낼 수 있는 방법을 찾아 욕구를 해결해 주는 것도 좋은 방법이다.

일관된 훈육에서 중요한 것은 아이가 아무리 떼를 써도 '안 되는 것'은 안 되는 것이라는 개념을 정확하게 짚어주는 것이다. 또한 아이가 안 되는 것을 경험하더라도 엄마는 항상 나를 사랑하고 있다는 것을 믿는 것이다. 부모의 일관성 있는 태도에서 아이의 자존감을 높일 수 있다.

도전하는 능동적인 아이로 키우는 법

★영유아는 자신의 학습 속도와 기질, 상황, 경험, 환경 등에 따라 개인차가 있다. 때문에 아이들의 개인차를 인정하고 고려해줄 때 자신의 잠재력을 최대한으로 발휘할 수 있다.

★영유아가 자신의 선택으로 놀이를 할 때, 주변 환경을 직접 탐색하는 것을 격려받으면 관련 지식을 더 잘 습득하게 된다.

★다양한 경험의 기회와 안전 속에서 보호받는 아이는 또래와 엄마와의 상호작용에서 새로운 지식과 기술을 습득한다. 아이가 새로운 지식을 필요로 할 때 민감하게 반응하고 지원하는 것이 중요하다.

03
엄마의 감정 조절에 아이의 자존감이 달려있다

우울한 가정에서 자란 아이들은 성인이 되어서도 우울함을 보인다. 아이들은 매일 엄마의 감정을 보고 듣고 느끼며 자라기 때문에 엄마에게 우울증이 있는 경우 그 영향은 아이에게도 미치게 된다.

직장에서 만난 사람들 중에 남들보다 부정적인 생각을 자주 하는 선생님이 있었다. 그 선생님은 어떤 이야기를 해도 결국은 부정적인 결론으로 마무리한다. 예를 들어, 어린이집 프로그램을 진행하기 위해 회의를 하게 되는 경우 그 선생님은 항상 부정적인 부분만 생각하고 걱정한다. 진행하는 프로그램으로 아이에게 줄 수 있는 영향력이나 기대되는 효과에 대해 고민하기 보다는 부정적인 부분에만 초점을 맞추는 것이다. 객관적인 평가가 가능하다고 생각 할 수 있지만 그보다는 걱정거리가 대부분이다. 일상생활이나 사람들과의 관계에서도 선생님의 걱정은 계속된다. 다른 선생님이나 원장님이 자신에게 조금만 싫은 소리를 해도 '날 싫어해서 이렇게 말하는 건가?', '내가 뭘 잘못한 걸까?' 하고 걱정한다.

때문에 나는 부정적인 생각과 고민이 많은 선생님에게 너무 걱정하며 살지 않아도 괜찮다고 위로해주는 일이 많았다. 하지만 선생님은 어릴 때부터 해온 부정적인 생각이 익숙하기 때문에 쉽게 고쳐지지 않는다고 한다. 선생님이 부정적인 생각을 많이 하는 이유를 알고보니 선생님이 어릴 때부터 자신의 엄마에게 우울증이 있었기 때문이었다. 엄마의 우울증을 보고 자랐기 때문에 선생님의 생각에도 영향을 끼친 것이다. 선생님은 자신에게 우울한 증상이 있다는 것을 어른이 돼서야 깨달았다고 한다. 자신의 우울함을 극복하기 위해 많은 노력을 하고 있지만 쉽게 고쳐지지 않는다고 한다.

우울한 엄마를 보고 자란 아이는 엄마의 영향을 받아 우울한 어른이 된다. 이 사실은 아이가 엄마의 감정을 보고, 듣고, 느끼며 자라기 때문에 당연하다고 할 수 있다. 우울한 엄마는 스스로의 감정을 조절하는 것이 힘들기 때문에 아이에게 화내고 짜증내는 일이 많아지게 된다.

엄마는 아이와 자신을 위해 우울한 감정을 치료해야 한다. 긍정적이고 행복한 생각을 가지고 살 수 있도록 자신의 감정을 조절할 수 있어야한다. 긍정적인 생각을 가지고 좋은 영향을 주는 엄마 밑에서 자란 아이가 행복하다.

자존감을 높이기 위해 긍정적으로 생각해야한다. 자존감이 낮은 사람은 자신에게 주어진 일에 '난 해내지 못해', '난 할 수 없어'라고 생각한다. 부정적인 생각은 가능한 것도 불가능하게 만든다.

'난 할 수 있어'라는 긍정적인 마음을 가지는 것이 중요하다. 긍정적인 생각은 불가능을 가능하게 만들고 어려운 상황에서 해 낼 수 있다는 용기를 생기게 한다. 부정적인 생각을 자주 하는 사람은 실제로 부정적인 것을 끌어당기게 된다. '못 한다', '안 된다', '실패한다'고 생각한다면 실제로 그렇게 된다는 것이다. 때문에 항상 긍정적으로 생각하는 것이 아주 중요하다. 사람은 마음먹은 대로 행동하게 되어있다. 잘 할 수 있다고 마음먹은 사람이 실제로도 도전에 성공할 수 있다.

실패해도 좌절하지 않고 인정하는 것이 중요하다. 실패했기 때문에 다음번에는 더 확신을 가지고 행동할 수 있고 그동안의 노력을 지지하고 다시 도전할 수 있다.

김옥림 저자의 《법륜 · 혜민님들이 생각한 말》에서 혜민스님은 "이 세상 최고의 명품 옷은 바로 자신감을 입는 것이다"라고 말했다. 자신감은 그 어떤 재능도 능가하고 뛰어난 두뇌도 능가한다고 말하며 자신감을 키우기 위한 노력을 해야 한다고 말한다. 자신감을 키우기 위해서는 자신이 하는 일을 실패해도 좋다는 각오로 임해야 한다고 한다. 자신감은 용기를 주고, 꿈과 희망, 끝까지 하는 힘을 준다. 자신감이 가장 뛰어난 재능이자 실력이라는 것이다.

자존감이 낮은 사람도 의지에 따라 자존감을 높일 수 있다. 자존감이 낮은 사람은 자신의 실수에 예민하게 반응한다. 하지만 실수는 누구나 하는 것이며 실수 한 번으로 자신이 생각하는 부정적인 일은 일어나지 않는다는 것을 알아야한다. 자신의 실수와 잘못을 용서할 줄 알고 스스로에게 관대함을 가져야 한다.

나는 내 실수에 관대함을 가지지 못한 적이 있었다. 실수하는 것을 질책하고 부끄러워했다. 실수하지 않는 것만이 잘하는 것이라고 생각한 것이다. 하지만 지나고나니 실수해도 아무 일도 일어나지 않는다는 것을 알게 되었다. 나 스스로 실수에 대해 지나치게 부정적으로 생각했던 것이다. 실수하지 않기 위해 전전긍긍하며 스트레스 받는 것보다 실수를 인정하고 용서하며 다시 반복하지 않도록 조심하는 것이 중요하다.

아이들은 엄마의 감정에 큰 영향을 받기 때문에 부정적인 생각과 우울한 감정을 가진 엄마라면 긍정적으로 생각하기 위해 노력해야 한다. 아이들은 어른들의 감정이나 자라는 환경에 따라 영향을 받기 쉽다. 우울증을 가진 엄마 밑에서 자란 아이가 부정적이고 우울한 성격을 가지듯이 밝고 긍정적인 환경에서 자란아이는 긍정적인 영향을 받게 된다.

새학기가 시작되고 새로운 교실을 맡은 두 명의 담임선생님이 있었다. 한 선생님의 성격은 차분하고 조용하고 다른 선생님의 성격은 활기차고 유쾌했다. 새학기가 시작된 두 개의 반의 분위기는 처음에는 비슷하게 어수선한 분위기를 나타내지만 시간이 지날수록 선생님의 성향에 따라 반 분위기가 달라진다.

조용하고 차분한 성격의 선생님과 만난 아이들은 선생님의 성격에 따라 교실 분위기도 조용하고 차분해진다. 반면에 활기차고 유쾌한 선생님을 만난 아이들은 교실 분위기도 활기차고 발랄한 분위기가 만들어진다.

조용한 기질의 아이가 활발한 교실 분위기에 적응하는 경우 전과 비교해 활기차게 행동하게 된다. 반대로 말썽을 많이 부리고 장난을 많이 치는 아이가 조용하고 차분한 교실에 적응하는 경우에는 분위기에 맞게 조용해지는 모습을 볼 수 있다. 때문에 다른 선생님들도 시간이 지날수록 교실 분위기를 보면 담임 선생님의 성격을 알 수 있다고 말하기도 한다.

아이들은 단 1년 동안 함께하는 선생님의 성격에도 많은 영향을 받는다. 이런 아이에게 평생을 함께하는 엄마에게는 얼마나 큰 영향을 받게 될까? 내 아이의 자존감을 높이는 가장 기본적인 방법은 엄마의 자존감을 높이는 것이다. 자신의 감정이 우울하고 화가 많은 엄마는 아이에게 부정적인 영향을 주게 된다. 엄마자신과 아이를 위해 긍정적인 생각을 가지는 것이 중요하다. 아이의 자존감을 높이기 위해서는 엄마가 감정조절을 잘 하는 것이 첫 번째라고 할 수 있다.

그러나 아이를 대하다보면 감정조절을 하는 것이 어렵고 힘들게 느껴진다. 떼쓰고 울고 짜증내는 아이에게 자신도 모르게 화를 내기도 한다. 더 속상한 것은 화내고 나면 주눅 드는 아이를 보고 다시 미안하고 후회한다는 것이다. 감정조절에서 중요한 것은 엄마는 아이와 자신에게 주어진 환경을 있는 그대로 받아들이고 수용하는 마음을 가지기 위한 노력을 해야 한다는 것이다.

아이가 엄마의 말을 듣지 않기 때문에 화를 낸다고 하지만 사실 욱하는 원인은 엄마 자신에게 있다. 욱하지 않기 위해 엄마는 자신의 성격을 돌아보는 것이 좋다. 아이에게 지나치게 완벽을 바라고 있는 것이 아닌지 생각해봐야한다. 기대에 미치지 못하는 아이가 답답해서 아이를 다그치고 억압하고 있다면 기대를 낮추고 아이와 즐겁고 행복한 시간을 보내기 위해 노력해야한다.

나는 아이들을 교육할 때 아이 속도에 맞게 느리거나 빠르거나 재촉하지 않기 위해 노력했다. 하지만 어떤 엄마는 내 아이가 다른 아이에 비해 뒤처지는 것을 싫어하는 엄마들도 있었다. 때문에 아이가 힘들어 해도 하나라도 더 가르쳐 주기 위해 애썼던 적도 있었다. 아이는 아이대로 스트레스 받고 나 또한 힘들어하는 아이를 붙잡고 억압하게 된다. 반면에 아이의 발달을 인정하고 천천히 기다려 주는 엄마의 아이에게는 아이의 속도에 맞게 기다려 주는 것이 가능했다. 아이를 위한 것은 다른 아이와 비교하고 엄마의 기준에 맞춰 교육하는 것이 아니다. 아이들의 발달 속도는 모두 다르며 관심 있어 하는 분야 또한 다르다. 때문에 아이의 발달을 인정하고 내 아이에게 맞는 교육을 하는 것이 중요하다.

아이에게 화내는 것과 훈육하는 것은 다르다. 화내고 욱하는 것은 순간의 감정을 참지 못하고 신경질을 내는 것이다. 그러나 훈육한다는 것은 아이의 행동을 바로 잡기 위해 단호한 태도를 보이는 것이다. 훈육을 할 때 언성을 높이거나 인상 쓰지 않는 것이 중요하다.

또한 훈육할 때 주의해야할 점은 아이들이 울 때는 울음을 그치고 엄마의 말을 들을 상태가 될 때까지 기다려야 한다는 것이다. 아이들이 울고 있을 때는 훈육이 가능한 상황이 아니기 때문에 다그치지 않고 기다려 줘야한다. 아이를 위한 훈육은 화내는 것이 아닌 단호한 태도를 유지하는 것이다.

엄마의 자존감이 낮고 자기 내면에 부정적인 심리와 갈등이 있다면 공감과 소통을 통해 자신의 감정을 이해하는 시간을 갖는 것도 좋다.

아이와 엄마를 위해 감정조절은 반드시 필요하다. 항상 평점심을 유지하고 좋은 감정을 유지한다는 것이 힘들지만 엄마의 긍정적인 마음에서 아이의 자존감 자란다는 것을 기억해야한다. 엄마의 감정조절이 아이의 자존감을 결정한다는 것을 잊지 않아야한다.

아이에게 화를 낸 경우 대처하는 법

★순간적으로 아이에 대한 감정이 폭발하여 아이에게 소리를 지르거나 화를 낼 수 있다. 엄마는 이때 아이에 대한 미안함을 가지고 후회하기 쉽다. 사람은 누구나 분노할 수 있지만 죄책감에 빠지지 않고 대처하는 것이 중요하다. 아이가 입은 상처에 대해 사과하고 서로의 감정을 대화를 통해 공유하는 것으로 부정적 감정을 해소하는 것이 가능하다.

04
엄마의 인내심이 자존감 높은 아이를 만든다

민주와 엄마는 어린이집 등원을 위해 아침 일찍 일어나서 준비한다. 하지만 시간이 촉박해지자 엄마는 민주를 다그친다. 민주는 시간이 없다는 것을 아는지 모르는지 느릿느릿 천천히 움직이고 엄마는 민주가 답답한 나머지 민주에게 아침부터 화내고 소리치게 된다.

"민주야, 뭐하니! 엄마가 늦었다고 빨리 준비하라고 했잖아!"

그러나 민주도 잠이 덜 깬 몸을 빨리빨리 움직이는 것이 힘들다. 자신의 마음을 몰라주고 소리치는 엄마의 모습을 보고 더 의기소침해진다. 기분이 안 좋아진 민주는 옷도 입지 않고 딴청피고 심술부린다. 엄마는 답답한 민주를 다그치고 소리치지만 아침부터 말 안 듣는 민주 때문에 속상하다.

부랴부랴 민주를 어린이집에 데려다 준 엄마는 아침부터 화를 낸 것이 자꾸만 신경 쓰인다. '화내지 말고 참고 민주를 달랬어야 하는데'라고 생각하며 후회한다. 민주가 어린이집에서 보내는 시간동안 엄마에게 혼난 생각을 하며 우울한 기분으로 하루를 망칠까 걱정한다. 고민하던 엄마는 결국 민주의 선생님에게 따로 연락을 남긴다.

'민주 기분 괜찮은가요, 선생님? 오늘 아침에 민주에게 화를 냈더니 하루 종일 기분이 좋지 않을까 걱정되네요. 선생님께서 잘 살펴주세요'

화를 참지 못하고 아침부터 소리를 지른 민주 엄마는 오늘 하루 종일 민주가 신경 쓰인다. 아이를 웃으면서 보내지 못한 것에 대해 미안한 마음을 가진다. 참고 기다리지 못하고 화를 낸 엄마는 후회하고 스스로에게도 답답한 마음을 가진다.

엄마의 인내심이 자존감 높은 아이를 만든다. 인내심은 괴로움이나 어려움을 참고 견디는 마음이다. 육아를 하면서 엄마들은 아이들로 인해 수없이 많이 인내심의 한계를 느끼지만 참고 견디기 위해 노력해야한다. 말 안 듣는 아이, 고집 부리는 아이로 인해 욱하는 마음이 들지만 아이를 위해 참고 인내하는 것이 중요하다.

같은 상황에서 지민이 엄마는 화가 나도 참고 인내하는 것을 선택한다. 그에 따라 아이가 받아들이는 태도도 달라지는 것을 알 수 있다.

지민이네도 어린이집을 가기 위해 아침 일찍 일어나서 준비한다. 지민이도 잠이 덜 깬 상태에서 준비하는 것이 힘이 드는지 느릿느릿 움직인다. 지민이 엄마도 답답함을 느끼고 지민이를 향해 빨리 움직이라고 소리칠까 고민한다. 하지만 지민이 엄마는 아침부터 화내고 소리쳐서 아이의 기분을 상하게 하고 싶지 않다. 차분한 목소리로 지민이에게 "지민아, 피곤하겠지만 얼른 일어나서 준비하지 않으면 어린이집에 늦겠구나" 라고 말한다. 어린이집을 보낸 후에 엄마는 화내지 않고 참고 인내하길 잘했다고 생각한다.

지민이가 하원하자 엄마는 지민이에게 오늘 하루가 어땠는지 물어본다. 지민이는 어린이집에서 있었던 일을 얘기하다가 "오늘 밖에 나가야 하는데 친구가 옷을 빨리 입지 않아서 늦을 뻔 했어. 그래서 선생님이 친구에게 화가 났어"라고 말한다.

"그런데 엄마가 아침에 나에게 어린이집에 늦지 않도록 빨리 준비하라고 말한 것이 생각났어. 내가 빨리 준비하지 않아서 엄마가 선생님처럼 화가 났을 것 같아. 나에게 화내지 않은 엄마에게 고마웠어"라고 말한다. 지민이는 다음부터 아침에 늦지 않기 위해 빨리 움직이겠다고 엄마에게 약속한다.

지민이의 말에 엄마는 아침에 화내지 않고 참고 인내한 것것이 뿌듯해진다. 그리고 화내지 않은 엄마에게 고마움을 느끼고 다음부터 빨리 행동하기로 약속한 지민이가 기특하다.

아이들을 키우면서 엄마에게 가장 필요한 것은 인내심이라고 할 수 있다. 아이에게 느긋한 마음을 가지고 천천히 따라 오길 기다려 주는 것이 중요하다. 부모가 아이를 사랑하는 마음은 똑같지만 인내하고 기다리는 마음이 있을 때와 없을 때 아이들에게 미치는 영향은 달라진다. 아이에 대한 기대와 욕심을 버리면 인내심을 기르는 것은 쉽다. 인내심을 가지고 아이가 천천히 따라 오기를 기다리자. 인내심을 가지고 기다려 줄 때 아이는 더 많은 것을 깨닫고 경험할 수 있다. 천천히 많은 경험을 하는 아이가 자존감이 높아지고 더 큰 꿈을 향해 갈 수 있다.

아이를 훈육할 때 엄마는 아이의 마음을 공감하고 이해해줘야 한다. 나쁜 행동을 한 아이들에게도 그런 행동의 이유가 있다는 것이다. 예를 들어, 친구와 싸운 아이에게 나쁜 행동을 했다며 다그치고 혼내는 것은 아이의 마음에 더 큰 상처를 줄 수 있다. 싸움이 일어난 이유를 듣고 싸운 아이의 마음을 이해해주고 공감하는 것이 먼저다. 그다음 친구와 싸우지 않고 일을 해결 할 수 있는 방법을 가르쳐야한다.

아이의 행동은 한 번에 고쳐지지 않는다. 다음번에 또 같은 행동을 반복하는 경우가 생길 것이다. 아이의 공격적인 행동을 교정하기 위해서는 엄마의 인내심이 중요하다.

공격적인 행동을 하는 아이를 훈육하는 엄마가 아이와 똑같이 공격적인 행동을 한다면 아이의 행동을 고치는 것은 불가능하다. 아이에게 공격적인 행동은 하는 것도 보여주는 것도 절대 금지라는 것을 기억해야한다.

엄마가 아이에게 화내고 욱하는 이유는 인내심이 부족하기 때문이다. 엄마들은 아이에게 어떤 것을 가르치면 아이가 그것을 바로 이해하고 행동할 수 있다고 생각한다. 하지만 아이들은 경험해보지 못한 것이 더 많기 때문에 한번 가르쳐준다고 해도 이해하기까지 오래 걸리기 때문에 인내심을 가지고 기다려 줘야한다. 아이가 한 번에 그것을 이해하지 못해도 아이의 마음을 공감하고 기다려 줄 때 자신감이 생긴다.

5세 반 아이들 중에는 한번 씩 쉬를 참지 못하고 바지에 실수하는 경우가 많았다. 놀이에 집중하거나 화장실에 갈 타이밍이 늦은 경우 바지에 실수하는 것이다. 5세가 된 아이들은 자신이 실수한 것에 대해 부끄러움을 느끼기도 한다. 어떤 아이들 중에는 자신이 실수한 것을 선생님에게 알리지 않아서 뒤늦게 선생님을 놀라게 만들기도 한다. 자신이 실수했다는 것을 알고 부끄러워하거나 혼이 날까봐 말하지 못하는 것이다. 아이들이 실수 했을 때는 실수를 인정하고 괜찮다고 말해주는 것이 좋다.

소심한 아이가 실수해서 옷을 갈아입혀준 적이 있었다. 그때 아이가 부끄러워하고 더 소심해질까봐 아이에게 갈아입으면 괜찮다고 말한 뒤에 앞으로 조심하면 된다고 말해줬다. 하원하고 아이 엄마와 전화통화를 하면서 오늘 있었던 일을 이야기 나눴다. 아이가 먼저 엄마에게 자신이 실수했던 이야기를 하며 선생님이 괜찮다고 말해줘서 좋았다고 말했다. 아이가 그렇게 느꼈다는 것을 듣고 나는 앞으로도 아이들의 실수는 다그치는 것보다 이해와 공감이 중요하다는 것을 알게 되었다.

《착한아이 콤플렉스》의 저자 조안루빈-뒤취는 아이들이 내적변화를 이루기 위해서는 시간이 필요하다고 말했다. 치유과정을 빨리 끝내려고 조급해 할수록 실제로는 결과가 더디게 나오고 치유 과정도 지연된다. 배우는 과정 속의 경험을 소중히 하지 않고 단지 목표만 향해 안달 내는 경우라면 결국 시작했을 때와 똑같은 장소에서 한 치도 벗어나지 못한다고 말한다.

조아 루빈-뒤취의 말처럼 아이의 모습 중에서 마음에 들지 않는 모습이 있거나 바로잡고 싶은 행동이 보이더라도 아이가 그것을 이해하고 바꾸기 위해 노력하기까지 참고 기다리는 것이 좋다. 아이 스스로 중요한 것과 그렇지 않은 것을 구분하고 선택하는 것을 해보는 경험이 중요한 것이다. 아이가 이해하기 어려운 것은 살짝 방향을 잡아주는 것도 좋다. 그 후에는 인내심을 가지고 천천히 기다리면 언젠가 엄마의 기대에 부흥하는 행동을 하는 날이 올 것이다. 아이를 조급하게 만들고 다그치려 할수록 아이의 자존감을 낮아지게 만든다.

비가 온 뒤 땅이 굳어지듯, 아이를 키우는데 인내심을 가지고 기다리면 아이들의 자존감은 더욱 단단하고 굳게 자랄 것이다. 엄마의 강한 인내심은 자존감 높은 아이를 만든다.

놀이를 통해 공격적인 행동을 바로잡는 법

★찢기 놀이 - 종이나 신문지를 찢는 것을 통해 내면에 잠재된 공격성을 줄이는 것이 가능하다. 찢은 종이를 이용해 흩날리거나 뭉쳐서 굴리면서 노는 등 다양한 놀이를 통해 감정을 조절하고 해소할 수 있다.

★모래놀이 - 정해진 틀이 없고 만지는 대로 변하는 모래는 아이들의 감정을 자유롭게 발산시킨다. 욕구불만을 해소하는 것이 가능하다.

★공격성 있는 장난감을 정리하고 달리기나 등산 등으로 에너지 분출시키기 - 공격성을 억지로 짓누르고 참게 하는 것보다 놀이를 통해 감정을 조절하게 하고 규칙을 지키는 법을 배우는 것이 효과적이다.

05
자존감을 잘 다루는 아이가 행복하다

자존감 높은 아이와 자존감이 낮은 아이가 함께 달리기를 배웠다. 똑같이 달리기를 배우기 시작했지만 자존감에 따라 아이들의 생각은 다르게 나타난다. 자존감이 높은 아이는 자신의 실력이 자신의 기대에 미치지 못해도 긍정적으로 생각한다. 자신이 열심히 할수록 좋은 결과가 이루어질 거라고 믿는다. 처음부터 완벽한 사람은 없으며 꾸준한 노력으로 성장할 수 있다고 생각한다. 그리고 자신을 믿고 꾸준하게 노력한 결과 아이는 달리기 실력이 좋아지고 달리기에 자신감을 가진다.

반면에 자존감이 낮은 아이는 높은 기대치에 비해 자신의 실력이 부족한 것을 알고 실망한다. 열심히 노력해도 잘하는 사람에 비해 부족하기 때문에 노력해도 잘하는 사람을 뛰어넘는 것은 불가능하다고 생각한다. 자신을 가치 있는 사람으로 여기지 못한다. 처음부터 완벽한 사람의 재능을 부러워하고 열등감을 가진다.

자존감에 따라 아이들은 한 가지를 배워도 배움에 대한 태도와 생각하는 것이 달라진다. 자존감 높은 아이는 배우고 경험하는 것을 긍정적으로 생각한다. 자신이 배우는 일에 확신을 가지고 잘 해낼 수 있다고 믿는다. 때문에 아이를 키울 때에는 긍정적인 환경에서 열심히 노력하는 아이로 키우는 것이 중요하다.

자존감 높은 아이로 행복하게 키우기 위해 부모는 어떤 노력을 해야 할까? 아이를 키우는데 사랑과 관심만큼 중요한 것은 없다. 아이에게 사랑과 관심을 표현할 수 있는 가장 좋은 방법은 스킨십이다. 양질의 스킨십을 자주 경험하는 아이는 부모에게 자신이 소중한 존재라는 것을 안다. 매일 아이에게 진심을 담아 꼭 안아주는것으로 아이의 자존감이 높아진다.

나는 아이들의 자존감을 키워주고 애착을 형성하기 위해 아이들을 자주 안아줬다. 아이들과 놀이하며 안아주거나 하원인사를 할 때 안아주고 헤어졌다. 아이들은 스킨십을 통해 더 안정감을 느끼고 자신이 사랑받는다고 생각한다. 처음에는 선생님과 스킨십에 어색한 아이들은 안아줘도 몸이 딱딱하게 굳어 있다. 하지만 시간이 지나고 선생님과의 스킨십에 익숙해질수록 나를 더 세게 안아주거나 뽀뽀도 함께 해주기도 했다. 아이들은 항상 스킨십 하는 것을 좋아하고 자신이 사랑받고 있다는 것을 확인하고 싶어 한다. 자주 안아주는 것을 통해 아이들의 자존감을 키울 수 있다.

자존감 높은 아이로 키우기 위해서 아이를 자주, 그리고 많이 칭찬하자. 자존감은 자신이 어떤 일이든 해낼 수 있다고 믿는 마음이다. 해낼 수 있다는 믿음은 칭찬을 많이 받을수록 높아진다. 칭찬을 통해 자신의 자랑거리가 생긴다. 부족한 일이 있어도 인정하고 노력하면 된다는 마음이 생긴다. 옷을 처음 입어본 아이가 거꾸로 옷을 입었어도 아이에게 필요한 것은 꾸중이 아닌 칭찬이다. 열심히 옷을 입어보기 위해 노력한 아이의 행동을 응원하고 격려하는 것이 중요하다. 아이의 옷을 바로 입혀주며, "혼자서 옷을 입기 위해 노력했구나. 정말 대단하다. 오늘은 옷을 거꾸로 입어서 엄마가 다시 똑바로 입는 것을 도와줄게. 하지만 혼자 옷을 입어보기 위해 노력한 모습이 정말 자랑스럽다"라는 말을 통해 아이의 자존감을 높이고 자신감을 키워줄 수 있다.

교실에서 아이들은 스스로 옷을 입는 시간을 자주 갖기도 한다. 스스로 겉옷을 입어보는 것을 통해 자신이 열심히 노력한 것을 칭찬받은 아이는 다음에도 도전할 수 있는 용기가 생긴다. 다음에 도전하면 더 잘 할 수 있다는 기대와 희망이 생기는 것이다.

어떤 아이는 집에서부터 옷을 거꾸로 입어오는 아이가 있다. 그때 나는 아이가 스스로 입고 옷을 거꾸로 입은 것에 대해 핀잔하기보다는 집에서 아이 혼자 옷을 입는 다는 것을 칭찬한다. "와, 옷을 스스로 입었나 보구나. 정말 대단하다. 혼자서 옷을 입을 줄도 알고 멋지다"라고 아이를 칭찬한다. 그 후에 거꾸로 입은 옷을 바로 잡아주며 다음에도 혼자 입어보길 응원한다. 아이들은 스스로 행동한 것을 칭찬 받는 것으로 기분이 좋아지고 다음번에도 혼자 도전하는 용기가 생기는 것이다.

엄마는 아이의 행동에 어떤 생각이 담겨 있는지 소통하기 위해 노력해야한다. 아이가 잘못된 행동을 하는 경우 아이를 다그치고 야단하기보다 아이의 마음을 공감하는 것이 먼저다. 아이와 공감한 후에는 잘못된 행동을 지적하고 함께 고치기를 노력해야한다. 나쁜 행동의 이유를 알고 함께 고치기 위해 노력하면 더 빠른 행동의 변화가 일어날 수 있다. 아이와 자주 소통하는 엄마가 아이의 행동을 더 빠르게 인식하고 바로잡는 것이 가능하다.

나는 아이가 나쁜 행동을 한 경우 아이가 그렇게 행동한 이유를 아는 것을 가장 중요하게 생각한다. 친구 물건을 가져간 경우에도 그렇게 행동한 이유를 듣고 난 후 왜 잘못된 행동인지 아이에게 설명하는 것이다. 설명은 짧고 아이가 이해할 수 있을 만큼만 하는 것이 중요하다. 잘못한 행동에 대해 무조건 다그치기 보다는 아이의 마음을 이해하고 공감하는 것이 먼저라는 것이다.

공감하고 소통하는 엄마는 항상 아이의 입장을 먼저 생각하는 것을 중요하게 생각한다. 아이가 떼를 쓰는 경우에도 아이가 왜 떼를 쓰는지 먼저 이해하고 대처하는 것이다. 장난감을 본 아이는 장난감을 사고 싶은 마음에 떼를 쓸 수 있다. 하지만 아이의 요구를 들어 줄 수 없는 경우 아이 마음을 이해하고 안 되는 것은 단호하게 안 된다고 말하는 것이다.

공감하고 소통하는 엄마에게 자란 아이가 다른 사람과 공감하는 능력을 기를 수 있다. 공감하고 소통하는 아이는 다른 사람과 자신의 마음을 중요하게 생각한다. 자신의 마음을 중요하게 생각하며 스스로를 사랑하는 마음을 키워가는 것이다. 다른 사람과 공감하며 자존감을 키우는 것이 중요하다.

《좋은 엄마의 두얼굴》의 저자 앨리슨 셰이퍼는 현실에서 아이의 나쁜 행동을 접할 때, 아이에게 필요한 것은 스스로 가치 있는 존재이며 지금 자신이 속한 곳에서 인정받고 있다는 확신이라는 것을 잊으면 안 된다고 말한다. 아이가 나쁜 행동을 통해 억지로 관심을 구하지 않으면서 부모와 소통할 수 있는 긍정적 방식을 제시하는 것이다. 아이가 긍정적 역할을 수행하고 참여해 좌절감을 극복하고 자신의 가치를 깨닫도록 돕는다면 아이는 나쁜 행동을 멈출 수 있다고 말한다.

아이의 자존감을 높이기 위해서는 먼저 엄마의 자존감을 높이고 긍정적인 마음을 가지는 것이 중요하다. 긍정적이고 행복한 마음을 가진 엄마에게 자란 아이가 행복하게 자란다. 내 아이를 행복하게 자라도록 노력하기 전에 엄마 스스로가 행복해지기 위해 노력해야 한다. 엄마로서 자신의 자존감이 높지 않다고 아이에게 미안한 마음을 가지거나 좌절해서는 안 된다. 스스로를 사랑하는 마음과 자신의 가치를 높이 평가하는 엄마와 아이는 자존감이 높고 행복하다.

"대부분의 사람은 마음먹은 만큼 행복하다"

미국의 제16대 대통령 링컨이 행복에 대해 전한 말이다.

마음먹기에 따라 행복함이 다르게 느껴진다면 대부분의 사람은 큰마음을 먹고 행복하게 살기를 바랄 것이다. 그러나 우리는 자존감에 따라 행복의 높낮이가 다르다는 것을 느낀다. 더 행복해지기 위해 우리는 자존감을 높여야한다. 자존감을 높이고 더 큰 행복을 느끼며 살아야한다.

모든 엄마가 내 아이의 삶이 행복하길 바란다. 아이의 행복은 높은 자존감에 달려있다. 엄마의 자존감이 높고 행복해야 아이의 삶이 행복하다.

발달원리 이해하기

★발달에는 순서가 있고 그 순서는 일정하다 (앉기→기어다니기→걷기)

★발달은 일정한 방향으로 진행된다 (머리에서 발끝, 중심에서 말초, 팔다리에서 손가락과 발가락)

★발달은 연속적인 과정이지만 발달의 영역에 따라 속도는 일정하지 않다

★발달은 순서는 일정하지만 속도와 양상은 개인차가 있다 (아이들마다 발달속도에 개인차가 존재한다)

★최적의 발달이 이루어질 수 있는 결정적시기 또는 민감기가 있다 (언어 민감기, 수 민감기 등)

06
자존감이 미래의 차이를 만든다

자존감이 미래의 차이를 만든다. 자존감 높은 아이들은 자신이 행동하는 것을 믿고 그것을 이루기 위해 노력한다.

최근에 다문화가정이 많아지고 있다. 다문화 가정 아이들을 만나기 전에는 다른 가정에 비해 안정적이지 못하다는 편견이 있을 수 있다. 외국인 부모님을 둔 아이에게 불안정한 가정의 분위기를 줄 수 있다고 생각하는 것이다.

그러나 내가 만난 다문화 가정아이들은 편견을 깨는 아이들이었다. 오히려 성격적인 부분에서는 다른 아이들보다 더 안정적인 모습을 보이기도 한다. 다문화 아이 중에 한 명은 베트남 엄마를 둔 아이가 있었다. 그 아이를 처음 만났을 때는 아침마다 울며 등원해서 걱정을 많이 시키기도 했다. 나는 항상 모든 아이가 등원하는 것이 즐겁고 행복하길 바란다. 그래서 울며 등원하는 아이들에게 조금 더 신경 써서 애착관계를 돈독하게 갖기 위해 노력한다. 처음에는 아이가 울며 등원하는 것도 다문화와 연결 지어 생각하곤 했다. 불안한 가정이여서 아이가 어린이집에 등원하는 것도 안정감을 갖지 못한다고 생각한 것이다. 또한 아이가 언어나 수를 배울 때도 느린 경우 가정과 연계해서 생각했다.

하지만 시간이 지날수록 가정과 연계되어 불안함을 느끼는 것이 아니라는 것을 알게 되었다. 오히려 적응할수록 나에게 많이 의지하고 점점 의젓해지기도 했다. 매일 울며 등원했던 아이가 울지 않고 등원하며, 다른 아이들처럼 가족 이야기를 자랑하는 것도 좋아했다. 언어나 수를 배우는 경우에도 아이가 처음 배워서 어려움을 느꼈던 것이다. 누구나 익숙하지 않은 것에 어려움을 느끼듯이 아이도 적응할 시간이 필요했던 것이다. 그 아이 역시 수나 언어를 배울수록 다른 아이들과 비슷하게 잘 적응하는 모습을 보였다. 아이의 성격이 꼼꼼했기 때문인지 오히려 활동 할 때면 다른 아이들보다 열심히 한다. 아이의 아빠 또한 상담할 때 참여하는 적극성을 보이며 아이를 교육하기 위해 항상 노력한다.

나는 다문화가정 아이를 만나면서 일반 가정의 아이와 다문화가정의 아이에 대한 차이가 없다는 것을 알게 되었다. 어떤 아이들이던지 자신의 성격에 따라 미래를 만들어 가는 것이다. 아이들이 성장하고 미래의 차이를 만드는 것은 아이 내면의 자존감이다. 많은 환경과 상황이 주어지지만 어떻게 자존감을 키워주느냐에 따라 미래의 차이가 생기는 것이다. 자존감이 높은 아이는 화려한 집안에서 태어나는 아이도, 부잣집에서 태어나는 아이도 아니다. 아이가 자라면서 중요한 것은 아이를 사랑하는 마음을 전해주고 아이가 행복하게 자랄 수 있도록 기르는 것이다. 자존감이 아이 미래의 차이를 만든다. 자존감이 잘 형성된 아이가 미래에 자신의 활동에 자신감을 가지는 것이다.

일반 가정에서 자란 아이들 중에서 자존감이 낮은 아이들이 있었다. 내가 봤던 어떤 아이는 자신과 친한 아이에게 귓속말을 하며 나쁜 행동을 지시하기도 한다. "너 재랑 놀지마", "재랑 놀면 나도 너랑 안 놀거야"라는 말을 하는 것이다. 그 아이와 친했던 아이 역시 자존감이 낮기 때문인지 친구가 하는 말에 잘 휘둘렸다. 친구가 귓속말로 나쁜 말을 해도 친구의 말을 신뢰하고 따르는 것이다. 나쁜 말을 자주 했던 아이는 친구에게는 귓속말을 속삭이며 나쁜 행동을 지시하기도 했지만 오히려 선생님 앞에서는 착한 얼굴을 하는 아이였다. 때문에 같은 반 친구들은 그 아이들에게 피해를 입고 나에게 자주 이르러 왔다. 아이와 친했던 아이의 엄마도 나쁜 말을 하는 아이와 어울려 놀지 않기를 바랐지만 이미 교실에서 가장 친했기 때문에 억지로 떼어놓는 것은 불가능했다.

다른 아이와 놀지 못하도록 지시하고 나쁜 행동을 하는 이유는 자존감이 낮기 때문이다. 다른 친구들과 두루 어울려 놀기보다 자신을 따르고 좋아하는 친구에게만 집착하는 것이다. 이 아이는 자신에 대한 믿음과 다른 사람에 대한 믿음이 부족하다. 이 아이가 자존감이 낮고 다른 사람을 믿지 못하는 이유는 환경적인 영향이 컸다. 3남매 중에서 둘째였던 아이는 나쁜 말을 하는 것을 대부분 언니에게 배웠다고 말한다. 또한 엄마는 대부분의 관심을 각종 알레르기로 까다로운 기질이이였던 막내 남동생에게 쏟기에 바빴던 것이다. 자신에게 관심 가져주는 친구에게 의지하는 와중에 언니에게 배운 부정적인 방법이 친구를 사귈 때 그대로 표현된 것이다.

아이들이 잘못된 표현을 하는 이유는 아이가 자라는 환경에서 그렇게 배웠기 때문이다. 아이들이 올바르게 자라기 위해서는 태어난 환경이 아니라 자라온 환경이 중요하다. 아이가 올바른 인성을 가지고 자라기 위해서는 아이의 환경에 관심을 가지는 것이 중요하다. 아이가 좋지 않은 상황에 노출되어 있는 경우에는 그러한 환경을 제거시켜 줘야하는 것이다.

《내 아이 내적치유 자녀마음 이렇게 만져라》의 저자 이연수는 어린 나이에, 부모에게 충분한 인정과 용납을 받지 못한 자녀일수록 부모나 권위자로부터 들은 업신여기는 말을 대부분 진리처럼 받아들인다고 말했다. 진실과 거짓을 분별하는 능력이 거의 형성되지 않았기 때문에 사람들의 모욕과 비난을 자신의 존재에 대한 거절로 해석한다는 것이다.

때문에 아이들이 자신에게 좋지 않은 말을 구분하고 스스로를 사랑하는 마음을 갖기 위한 환경이 중요하다. 아이들에게는 꾸준한 관심과 사랑으로 아이가 스스로 사랑받고 있다는 것을 느끼게 하는 것이 좋다. 남에게 사랑받고 있다는 느낌은 자신을 사랑하게 하는 계기가 되기도 한다. 아이들에게는 잘못된 행동은 바로 말해 행동을 고칠 수 있도록 지도하되, 항상 아이를 믿고 사랑을 표현하기 위해 노력하는 것이 중요하다.

아이의 미래의 차이는 엄마의 육아에 따라 달라진다. 엄마는 항상 아이를 위해 어떻게 더 좋은 대화를 나눌 수 있는지 고민해야 한다. 자존감을 높이고 아이의 꿈을 키우는 질문에 대해 알아보자.

첫째, 엄마의 질문은 '누가'가 아닌 '어떻게'로 이뤄져야한다. 예를 들어, 어린이집에 다녀온 아이의 얼굴이나 몸에 상처가 있다. 이유를 모르는 엄마는 아이에게 "이거 누가 그랬어?"라고 질문한다. 하지만 엄마는 이때 아이에게 '누가'라고 질문하는 것을 주의해야 한다. 만약 아이가 교실에서 걷다가 혼자 넘어지더라도 '누가'라는 질문을 받은 아이는 질문에 대한 뜻을 이해하기도 전에 '누구'의 이름을 떠올리게 된다. 아이의 상처가 '누구'때문이 아니라도 아이는 떠오르는 친구의 이름을 말하게 된다. 이때부터 엄마는 아이가 친구에게 맞고 다니는 것은 아닌지 더 예민해지는 것이다.

아이의 상처가 어떻게 생긴 것인지 궁금하다면 "이 상처 어떻게 하다가 생겼니?"라고 질문하는 것이 좋다. 아이들은 엄마가 어떻게 질문하느냐에 따라 다른 대답이 가능해진다. '누가'그랬는지 묻는 질문에 아이는 다른 사람의 이름을 떠올리기 위한 생각을 하게 된다. 특히 아이가 어릴수록 생각의 폭이 좁기 때문에 주의해서 질문하는 것이 중요하다. 큰 꿈을 가진 아이로 키우기 위해 항상 넓고 큰 생각이 가능한 질문을 해야 한다.

둘째, 질문할 때는 짧고 간결하게 해야 한다. 아이는 질문의 내용이 길수록 기억력에 한계가 생긴다. 핵심내용을 기억 할 수 있도록 짚어주고 이해하기 쉬운 짧고 간단한 질문이 좋다. 질문이 길어질수록 엄마의 말을 보충 설명하는 것이기 때문에 아이의 생각을 이끌어내기 어렵다. 아이가 질문을 기억하고 답할 수 있도록 같은 내용을 반복해주는 것도 좋다.

또한 정해진 질문보다 창의력과 상상력을 키우는 질문을 하는 것이 좋다. 나는 아이들에게 질문할 때 "이건 이렇게 하는 게 좋겠지?"라는 질문보다 "이건 어떻게 하는 게 좋을까?"라고 개방형으로 질문하기 위해 노력한다. 아이들에게는 개방형으로 질문하는 것이 아이의 생각을 넓히는 질문이다. 창의력과 상상력이 높아지는 질문은 아이의 꿈에 한계를 설정하지 않고 더 큰 꿈을 가진 아이로 키우는 것이 가능하다.

셋째, 질문의 답을 기다리기 위해 5초는 기다려 주는 것이 좋다. 아이들이 질문을 듣고 생각할 시간을 주는 것이다. 아직 말이 서툴러서 더듬거나 소심한 성격이라면 아이의 대답을 기다려주는 것은 더 중요하다. 질문에 대한 뜻을 생각하는 시간을 가지고 그 뜻에 맞는 답을 생각하는 시간을 주는 것이다. 아이를 다그치지 않고 기다리는 것을 통해 아이는 질문에 대한 생각을 내뱉기 위한 두뇌회전을 시작한다. 내성적인 성격의 아이는 자신의 대답을 다그치지 않고 기다리는 엄마를 믿고 천천히 자신의 생각을 말하는 연습을 하게 된다. 아이를 독촉하거나 답답한 티를 내지 않는 것이 중요하다. 생각할 시간이 필요한 아이를 독촉 하는 것은 아이에게 부담을 주는 것이기 때문에 말하고 싶은 용기를 사라지게 만든다.

5초 더 기다리는 것으로 아이는 더 길고 자세한 답을 말할 수 있는 생각할 시간을 가지게 된다. 반응이 느리거나 생각이 느린 아이를 이해하고 기다리는 것이 중요하다.

어떤 5살 아이의 엄마는 나에게 미리 아이가 대답하는 것이 느릴 수 있으니 재촉하지 않고 대답을 기다려주기를 미리 부탁하기도 했다. 아이를 만나기 전에는 무슨 뜻인지 몰랐으나 아이와 대화하면서 엄마의 말뜻을 이해할 수 있었다. 아이는 질문을 듣고 대답하기 위해 5초간 생각했다가 자신의 생각을 더듬더듬 이야기하기 위해 노력한다. 아이가 열심히 대답하는 중에 방해하거나 기다리지 못하면 아이는 자존감이 낮아질 것이다. 아이가 자신의 생각을 잘 전달하도록 기다리는 것 또한 중요하다.

질문을 던지고 기다리는 시간은 긍정적인 반응으로 부드러운 분위기를 만들어주는 것이 좋다. 아이들과의 대화에 부드러운 분위기가 주어지면 아이의 창의성이 높아진다. 더 깊이 생각하고 다양한 대답이 가능해진다. 또한 아이가 잘못된 대답을 하더라도 아이 스스로 정답을 찾을 수 있는 시간이 필요하다. 정답을 찾지 못하는 아이에게는 정답을 알려주기보다 방향을 알려주고 다른 방법으로 생각해보도록 기회를 제공하는 것이 중요하다.

호기심을 가지고 질문을 많이 하는 것으로 아이의 사고력과 창의성이 발달한다. 아이에게 열린 마음으로 질문하고 스스로 생각하는 기회를 많이 가질수록 큰 꿈을 키운다.

미래의 차이를 바꾸는 방법은 아이들의 자존감을 높이는 것이다. 자존감이 높은 아이들은 꿈의 크기도 크다.

자존감을 높이는 애정 표현법

★꼭 안아주기

★부드럽게 쓰다듬어주기 (툭 치지 않기)

★몸 구석구석 뽀뽀 주고받기

★자기전이나 자고 난 후 또는 로션을 발라줄 때 몸 마사지 해주기

★볼이나 코 등 신체 접촉 놀이하기

07
엄마의 자존감 텃밭에서 아이의 자존감이 자란다

어린이집에서 학부모 상담을 하면 엄마와 아이에게 비슷한 부분이 많다는 것을 발견한다. 아이가 조용하고 차분한 성격을 가진 경우 엄마도 조용하고 차분한 성격을 보이고, 잘 뛰고 활발한 성격을 가진 아이의 엄마를 보면 할 말을 잘하고 외향적인 성격을 가졌다는 것을 알게 된다. 엄마의 성격이 아이에게 영향을 미치듯이 엄마의 자존감도 아이에게 영향을 준다. 엄마의 자존감이 높으면 아이 또한 자존감 높은 아이로 자라고 엄마의 자존감이 낮은 경우에는 아이도 낮은 자존감을 가진 아이로 자라게 된다.

나는 어릴 때부터 엄마에게 긍정의 말을 많이 들었다. "너는 잘될 거야", "괜찮아, 잘하고 있어", "너가 최고야"라는 말을 자주 해주셔서 나는 내가 사랑받고 있다는 것을 느낄 수 있었다.

나는 엄마에게 태몽이야기를 듣는 것을 좋아했는데, 엄마는 태몽 이야기를 자주 해주며 용기를 주고 자신감을 주셨다. 엄마가 들려주는 태몽이야기를 듣고 있으면 아주 소중한 사람이 된 기분이 들었다. 아이들 또한 자신이 중심이 된 이야기를 하는 것으로 자존감을 높일 수 있다. 아이들과 사진을 보며 추억한다던지, 좋았던 경험을 떠올리며 대화를 나누는 것은 자신이 부모에게 사랑받고 있다는 느낌을 가지게 한다.

아이들이 엄마의 성향을 닮듯이 나 또한 엄마의 자존감과 성격을 닮아있다. 엄마가 말하는 긍정과 응원의 말이 나에게 큰 영향을 미친 것이다. 어떤 일이든 잘 할 수 있다고 믿고 긍정적인 생각을 가지게 되었다. 나의 장점과 단점을 알고 사랑할 줄 안다. 어떤 일의 결과에 따라서 좋을 때나 나쁠 때나 남의 탓을 하지 않는다. 나를 사랑하는 마음을 가지고 있기 때문에 나에게 불이익이 있으면 해결하고 바로 잡기위해 노력한다.

자존감 높은 엄마에게 아이의 자존감이 물려받는다. 아이들은 자라면서 엄마가 주는 영향을 많이 받으면서 자란다. 책임감이 있는 부모에게 책임감을 배울 수 있다. 어른을 공경하고 다른 사람에게 배려하는 부모의 모습을 보고 아이도 어른을 공경하고 배려하는 마음을 배운다. 부모가 서로 공감하고 소통하는 모습을 보고 아이 역시 다른 사람의 마음을 공감하고 소통하는 마음을 가진다. 무슨 일이든 쉽게 포기 하지 않는 끈기 있는 모습을 보일 때 아이에게도 끈기가 생길 수 있다. 부모가 행동하는 것을 보고 아이들은 부모의 모습을 그대로 보고 배우며 자라는 것이다.

아이의 자존감을 높이기 전에 엄마를 위한 자존감을 높이는 것이 중요하다. 그러나 아이를 키우다 보면 높았던 자존감도 낮아질 수 있다. '내가 아이를 잘 키우고 있는 건가'라는 생각이 들고 아이에게 화내고 욱하면 더 크게 좌절하게 된다. 아이를 잘 키우고 있는지 고민되거나 아이에게 미안한 마음이 가질수록 엄마의 자존감이 낮아지는 것이다.

엄마가 아이에게 죄책감을 가지고 뜻대로 되지 않아 답답함을 느끼는 이유가 뭘까. 때로는 아이의 행동에 화가 나기도 하고, 뜻대로 따라주지 않는 아이가 미워지기도 한다. 또한 다른 아이와 비교하며 아이를 다그치고 혼내기도 한다. 아이와 함께 하는 시간이 행복하지만 반대로 아이에게 받는 스트레스로 힘들다는 생각을 한다. 부정적인 생각은 엄마의 자존감을 낮추고 아이에게까지 영향을 끼친다. 아이를 향한 부정적인 생각을 극복하고 자존감을 높이는 것이 중요하다.

《상처주는 엄마》의 저자 수잔포워드 · 도나 프레이지어는 엄마와의 관계에서 고통이 계속되면 아이는 합리화와 자기 비하로 가득한 두려움 속으로 자신을 가두어 버린다고 말한다. 엄마의 정서적 학대에도 불구하고 '상처주는 엄마'라고 단정 짓지 못하는 경우 자신의 자아상과 엄마를 향한 자신의 시각을 왜곡하게 된다고 한다. “엄마는 그렇게 냉정할 수밖에 없었어. 엄마를 그만 좀 몰아붙였어야 했어.”라고 스스로를 설득하는 것이다. 평생 동안 엄마가 아닌 자신에게 잘못이 있다는 믿음으로 잘못된 신념에 갇히고 자아상이 손상될 수 있다. 이렇게 손상된 자아상은 두려움에 대한 습득과 자신에 대한 왜곡으로 자기 파괴적인 행동을 하면서 평생 살아가게 된다고 말한다.

아이의 미래를 위해서는 지치고 힘든 마음을 가질 때는 상황에 맞게 잘 해결할 줄 알아야한다. 화가 누적되고 우울함이 쌓일수록 더 크게 터지기 마련이다. 나는 힘든 점이 있거나 해결하기 어려운 점이 있을 때면 주변 선생님들과의 대화를 통해 해결점을 찾았다. 또는 아이의 엄마와 직접 대화하며 아이를 함께 바르게 키울 수 있는 점을 논의했다.

아이를 키우는 엄마 또한 자신의 스트레스를 해결하기 위해 노력해야한다. ‘육아는 엄마의 일’이란 생각이나 ‘혼자 알아서 처리해야 한다’는 생각이 엄마라는 위치를 더 힘들게 만들 수 있다. 엄마 혼자 해결 할 수 없는 일이나 아이에 관한 이야기를 부부가 함께 고민하고 교감하는 대화가 중요하다. 완벽한 육아를 해야 한다는 생각을 버리고 작은 것에도 감사하는 마음을 가져야 한다.

우울한 엄마의 감정을 보고 자란 아이는 성인이 되어서도 자신이 우울하다는 감정을 느끼지 못하게 되고, 다른 사람과 비교 되었을 때 우울한 감정이라는 것을 느끼고 더 큰 좌절감에 빠지게 된다.

아이들은 언제고 엄마를 찾아가 자신의 고민을 털어놓고 위로받고 싶어 할 것이다. 그러나 아이에게 힘이 되어 주고 싶을 때 엄마의 자존감이 낮다면 서로에게 더 큰 상처가 될 수 있다. 아이와 엄마 서로에게 힘이 되어주기 위해 자존감의 기초를 튼튼하게 가지는 것이 중요하다.

자존감은 태어날 때부터 발달하는 것이다. 그러나 그것을 어떻게 키우느냐는 아이가 성장하는 환경에 따라 달라질 수 있다. 태어 날 때부터 뿌리내려진 자존감은 엄마와 함께하는 세상에서 완성된다. 아이를 바라보는 눈빛과 전하는 말이 아름다울 때 아이의 자존감을 높일 수 있다. 엄마의 자존감 텃밭에서 아이의 자존감이 자란다. 아이의 자존감을 높이기 위해 고민하는 엄마가 되자.

어디까지 자유를 허용해야 할까요?

★아이들의 안전과 생명을 위협하거나 다른 사람에게 해를 가하는 행동을 하는 경우에는 단호하고 확실한 태도로 훈육해야합니다.

★안전이 허락된 선에서 자유롭게 탐색할 수 있는 기회를 제공하는 것이 아이 스스로 세상이 이치를 깨닫는 좋은 기회가 됩니다.

참고문헌

수전엥겔 〈아이의 신호등 : 놓쳐서는 안 될 우리 아이의 적신호와 청신호〉 어크로스, 2011

고봉만,황성원 〈루소, 교육을 말하다 『에밀』깊이 읽기〉 살림, 2016

토니 험프리스 〈훈육의 심리학〉 다산북스, 2010

바톤 골드스미스 〈내 안의 자신감 길들이기 : 마음의 힘을 키우는 100가지 기술〉 유아이북스, 2014

스즈키 히로키 〈고대에서 현대까지 한 권으로 배우는 전략의 교실〉 다산북스, 2015

제인 넬슨, 셰릴 어윈, 로즐린 앤 더피 〈긍정의 훈육 : 아들러 심리학이 알려주는 존중과 격려의 육아법〉 에듀니티, 2017

산드라 콘라트 〈나의 상처는 어디에서 왔을까 : 가족은 축복일까 저주일까〉 북하우스, 2014

김현수, EBS다큐프라인 당신의 성격 제작팀 〈우리 아이를 바꾸는 성격의 비밀〉 블루앤트리, 2012

장샤오헝 〈북경대 품성학 강의 : 내면을 채우고 정신을 깨우는 마음공부〉 티핑포인트, 2014

펑쥐센 〈아이에게 NO라고 말할 용기 : 사랑한다면 '안된다'고 말하라〉 어언무미, 2017

칼 구스타프융 〈정신분석이란 무엇인가 : 칼 융이 미국 포드햄 대학에서 한 정신분석 강의〉 부글북스, 2014

뮤리엘 제임스 〈아이는 성공하기 위해 태어난다〉 샘터사, 2005

로널드 그로스 〈리더는 질문으로 승부한다〉 일송북, 2003

W.휴 미실다인 〈(원만한 정서생활을 가로막는)몸에 밴 어린시절〉 가톨릭출판사, 2006

책으로 따뜻한 세상 만드는 교사들 〈선생님들이 직접 겪고 쓴 독서교육 길라잡이〉 푸른 숲, 2001

에드워드 할로웰 〈하버드 집중력 혁명 : 일과 삶의 모든 것을 결정하는 1% 차이〉 토네이도, 2015

알프레드 아들러 〈아들러는 아이들을 이렇게 치유했다〉 부글북스, 2016

마르조리 물리뇌프 〈내 아이의 자존감을 높이는 프랑스 부모들의 십계명〉 나무생각, 2017

앤지 보스 〈아이행동심리백과 : 1~3세 말로 잘 표현하지 못하는 우리아이 행동 이해하기〉 지식너머, 2015

김용신 〈나는 누구인가 : 일반인을 위한 정신분석학〉 살림출판사, 2013

티나 실리그 〈인지니어스〉 리더스북, 2017

바스 카스트 〈선택의 조건-사람은 무엇으로 행복을 얻는가〉 한국경제신문사, 2012

리 캐롤, 얀 토버 〈인디고 아이들 : 새로운 아이들이 몰려오고 있다〉 샨티, 2003

데보라 페인, 몰리 헬트, 린 브레넌, 마리앤 바튼 〈엄마, 나는 놀면서 자라요 : 최고의 유아발달전문가 4명이 제안하는 0~36개월 성장놀이〉 글담, 2017

제임스웨브, 엘리자베스 멕스트로스, 스테파니 톨란 〈영재공부 : 영재의 미래를 위해 부모가 꼭 알아야 할 지침서〉 매일경제신문사, 2016

고현숙 〈유쾌하게 자극하라 : 사람을 키우는 리더의 코칭스킬〉 올림, 2007

페트라 크란츠 린드그렌 〈스웨덴 엄마의 말하기수업 :아이의 자존감을 높이는 스칸디식 공감대화〉 북라이프, 2015

사이토 이사무 〈누구든 내 편으로 만드는 소셜스킬 사교심리학〉 지식여행, 2011

크리스 토바니 〈아이의 인생을 바꾸는 독서법〉 리앤북스, 2005

프리츠 리만 〈불안의 심리〉 문예출판사, 2007

댄 뉴하스 〈부모의 자존감 : 부모에게 상처받은 이들을 위한 치유서〉 양철북, 2013

찰스 퍼니휴 〈아기심리 보고서〉 웅진지식하우스, 2009

김옥림 〈법륜 · 혜민님들이 생각한 말〉 북씽크, 2013

조안루빈-뒤취 〈착한아이 콤플렉스〉 샨티, 2005

앨리슨 셰이퍼 〈좋은 엄마의 두얼굴 :좋은 엄마의 가면을 벗겨내는 아들러의 반전 육아법〉 아름다운 사람들, 2017

이연수 〈자녀마음 이렇게 만져라 : 내 아이 내적치유〉 두란노서원, 2008

수잔 포워드, 도나 프레이지어 〈상처주는 엄마〉 푸른육아, 2015

내 아이의 자존감을 높이는
육아의 기술

1쇄 인쇄 2018년 4월 23일 **1쇄 발행** 2018년 4월 30일

지은이 배경서
펴낸곳 글라이더 **펴낸이** 박정화

등록 2012년 3월 28일(제2012-000066호)
주소 경기도 고양시 덕양구 화중로 130번길 14(아성프라자 6층 601호)
전화 070)4685-5799 **팩스** 0303)0949-5799 **전자우편** gliderbooks@hanmail.net
블로그 http://gliderbook.blog.me/
ISBN 979-11-86510-58-2 13590

ⓒ배경서, 2018
이 책은 저작권법에 따라 법에 보호받는 저작물이므로 무단전재와 복제를 금합니다.
이 책 내용의 전부 또는 일부를 재사용하려면 사전에 저작권자와 글라이더의 동의를 받아야 합니다.

책값은 뒤표지에 있습니다.
잘못된 책은 바꾸어 드립니다.

이 도서의 국립중앙도서관 출판예정도서목록(CIP)은 서지정보유통지원시스템 홈페이지(http://seoji.nl.go.kr)와 국가자료공동목록시스템(http://www.nl.go.kr/kolisnet)에서 이용하실 수 있습니다.(CIP제어번호: CIP2018011969)

글라이더는 존재하는 모든 것에 사랑과 희망을 함께 나누는 따뜻한 세상을 지향합니다.